図解即戦力

オールカラーの豊富な図解と
丁寧な解説でわかりやすい!

SAP S/4HANAの導入と運用がしっかりわかる教科書

これ1冊で

山之内謙太郎
Kentaro Yamanouchi

技術評論社

ご注意：ご購入・ご利用の前に必ずお読みください

はじめに

本書を手に取っていただき、ありがとうございます。皆さんは「SAP」や「ERP」という言葉を耳にしたことがあるでしょうか。これらは、現代のビジネス世界において欠かせない存在となっています。

SAP社は、企業の基幹業務を支える最大手のERPベンダーです。ERPとは、企業のさまざまな業務プロセスを統合的に管理するシステムのことで、多くの大企業や中堅企業で導入されています。なぜSAP ERPを学ぶ必要があるのでしょうか。それは、ビジネスの根幹を支えるこのシステムを理解することで、企業の業務プロセス全体を把握し、効率化や改善の提案ができるようになるからです。また、SAPのスキルを身につけることで、グローバルな舞台でのキャリアチャンスが広がります。

本書は、**特に若手エンジニアの皆さんに向けて、SAP ERPの全体像をわかりやすく解説することを目指しています**。専門用語や複雑な概念をできるだけ避け、簡易な言葉で広く浅く説明することで、ERPの世界に初めて触れる方でも理解しやすい内容となっています。IT技術は日々進化し続けていますが、SAPもその流れに乗り遅れることなく、最先端の技術を積極的に取り入れています。たとえば、クラウドコンピューティング、人工知能、ビッグデータ分析など、最新のテクノロジーをERPシステムに統合することで、より効率的で柔軟なビジネス環境を実現しています。

本書では、長年使われてきた「SAP R/3」から、次世代のERPシステムである「SAP S/4HANA」への移行についても詳しく解説しています。2027年に迫るサポート終了を前に、多くの企業がこの新しいシステムへの移行を検討しています。S/4HANAは、従来のERPの概念を一新し、リアルタイムデータ処理や高度な分析機能を提供します。

ERPの分野で仕事をしている若手エンジニアの方々、営業や広報など関連部門で働く方々、そしてERPの世界に興味を持つ学生の皆さん。さらに、ERP分野への就職や転職を考えている方々にも、この本は貴重な情報源となるでしょう。本書を通じて、SAPとERPの基礎知識を身につけ、ビジネスプロセスの全体像を把握することができます。

さあ、これからSAP ERPの世界へ飛び込んでみましょう。本書が、皆さんのキャリアの新たな一歩を踏み出すきっかけとなることを願っています。

2024年10月　山之内謙太郎

目次 Contents

1章 SAPの基礎知識

2章 「S/4HANA」を理解する

3章 「モノ」を管理するロジスティクス（全体像）

4章
調達ロジスティクス

5章
生産ロジスティクス

6章
販売ロジスティクス

7章
「カネ」を管理する会計管理

8章
「ヒト」を管理する人事管理

9章
SAP導入ステップ

10章
その他のソリューション「SAP S/4HANA LoB Solutions」

1章

SAPの基礎知識

SAPは世界中の企業で使用されているERPソフトウェアです。この章では、ドイツにある世界No.1のERPベンダーであるSAP社とSAP製品の歴史について紹介するとともに、ERPシステムの概要とERPの市場動向について解説します。

01 SAPとは

SAP社は、グローバルなERPシステムを開発しているドイツのソフトウェア企業です。SAP社とその製品の成り立ちと歴史について解説します。

SAPとは

SAPは、SAP SE（以下、SAP社と記載）が開発・販売しているビジネスソフトウェアの総称です。SAP社は、ドイツのソフトウェア企業であり、主に企業向けのビジネスソフトウェアを提供している会社です。同社は、世界180カ国に法人や開発拠点を持つグローバルな企業でもあります。

SAP社が販売している製品のうち、特に知られている製品がERP（Enterprise Resource Planning）ソフトウェアです。現在、同社が販売している製品のうち、**主力となる製品が「SAP S/4HANA」というERPソフトウェア**となります。

SAP社は、大企業向けのエンタープライズソフトウェア市場で圧倒的なシェアを持ち、**ERP分野で世界一のベンダー**です。2017年時点で、SAP社は世界190カ国で約34万の企業顧客を抱えています。フォーブス誌の「フォーブス・グローバル2000」ランキングには、世界のトップ企業が掲載されていますが、驚くべきことに、このランキングに掲載された企業の87%がSAPの顧客であるというデータがあります。これは、SAPが多くの大企業や業界リーダーから信頼され、支持されていることを示しています。

SAP社は、ERPベンダーとしての実績と信頼を築いてきましたが、近年では世界のERP市場をリードし、急成長するDXベンダーとしても注目されています。

さらに、SAP社は人工知能（AI）やインターネット・オブ・シングス（IoT）、ブロックチェーンなどの最新技術を自社製品に積極的に取り入れ、顧客企業のデジタルトランスフォーメーションを強力にサポートしています。

■ SAP社の概要

世界190カ国 以上で利用	**34万社**の 企業が利用

第1位 16年間にわたり、Dow Jones Sustainability Indicesでソフトウェア業界のトップ企業に選ばれ続けています	**295億2,000万ユーロ** 2022年の収益	**2億8,000万人以上** SAPのクラウドユーザーベースの登録数

［出典：SAPジャパンホームページを元に筆者にて作成］

SAP社の始まり

SAPを理解するために、まずはSAP社の歴史から紹介していきます。SAP社は、1972年にドイツで小さな会社としてスタートしました。創設メンバーは、IBMを退社した5人のエンジニアでした。彼らは、ビジネスに役立つソフトウェアを作るためにSAP社を立ち上げたのです。今でいうスタートアップベンチャーです。ちなみにSAP社の名前の由来は、創業当時の会社名「System Analysis Program Development (Systemanalyse Programmentwicklung)」(ドイツ語でシステム分析とプログラム開発という意味) から来ています。このドイツ語名を略してSAPと呼ばれるようになりました。

最初の製品は、1973年にリリースされた「RF」という財務会計ソフトウェアでした。「RF」は、企業の会計情報を統合的に管理し、分析するためのソフトウェアです。その後、このソフトウェアは「SAP R/1」としてメインフレーム上で動作する会計システムに進化しました。この名前のRは、「リアルタイムデータ処理」を意味し、当時からSAP社が**「リアルタイム経営」をコンセプト**に製品を開発していたことを示しています。

1979年には、SAP社が世界初の統合企業資源計画（ERP）ソフトウェア「SAP R/2」をリリースしました。これにより、企業はさまざまな業務を統合し、業務データを一元管理できるようになりました。現在、多くの企業で使用されているERPシステムの基盤となった製品であり、ABAP言語（SAP独自のプログラミング言語）もR/2から採用されました。

「SAP R/3」の登場で世界No.1のERPベンダーへ

1992年、SAPは「SAP R/3」という新しいERPソフトウェアを発表しました。この名前の「R/3」は、第3世代のERPソフトウェアを意味しています。

「R3」の登場により、これまで以上に広範なビジネスプロセスをカバーし、自動化による業務の標準化や効率化が図れるようになりました。導入に際して、**企業は「業務をシステムに合わせる」という考え方**を元に、自社の業務を見直し、世界標準のビジネスプロセスを採用し、業務の改革を行いました。このアプローチは、ERPシステムの導入における業務改革手法である**BPR（ビジネス・プロセス・リエンジニアリング）**として知られています。

また、ERP導入により、情報が1つのシステムで一元管理され、経営者は必要な情報を迅速に取得できるようになりました。これは、飛行機のコックピットですべての計器を一目で確認する感覚に似ており、「コックピット経営」や「リアルタイム経営」と呼ばれ、意思決定の迅速化と正確性をもたらしました。今で言う「ダッシュボード経営」と近い考え方です。

さらに、クライアントサーバーアーキテクチャの採用により、システムの柔軟性と拡張性が向上しました。今では当たり前ですが、データベース、アプリケーションサーバー、クライアントの3つの層からなる「3層」構造を採用することで、リアルタイムデータ処理を実現することができるようになったのです。

1990年代のERPブームに乗り、SAP社は「SAP R/3」によって市場シェアを急拡大し、ERP分野のリーダーとしての地位を確立しました。この成功により、SAP社は、革新的なソリューションを生み出す世界No.1のERPベンダーとしての地位を確固たるものとしました。

■ SAP社の製品リリースの歴史

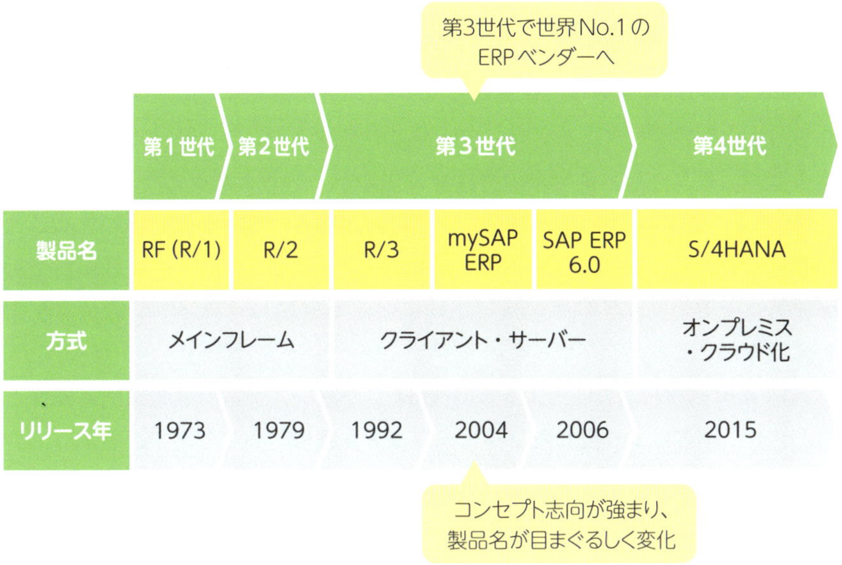

第3世代で世界No.1のERPベンダーへ

	第1世代	第2世代	第3世代			第4世代
製品名	RF (R/1)	R/2	R/3	mySAP ERP	SAP ERP 6.0	S/4HANA
方式	メインフレーム		クライアント・サーバー			オンプレミス・クラウド化
リリース年	1973	1979	1992	2004	2006	2015

コンセプト志向が強まり、製品名が目まぐるしく変化

サービス指向のアーキテクチャへ移行

2004年、SAP社は「SAP R/3」の後継製品として「mySAP ERP」を発表しました。この新しいバージョンは、既存のERP機能を向上させるだけでなく、「SAP NetWeaver」プラットフォームの導入により、より使いやすいユーザーインターフェースとインターネットベースのサービスを提供しました。

「SAP NetWeaver」は、企業内のさまざまなアプリケーションやテクノロジーを統合するためのプラットフォームです。このプラットフォームを使用してERPシステムを構築することで、他のSAP製品やサードパーティ製品との統合が容易になり、異なるビジネスプロセスやデータを一元管理できるようになりました。

このアプローチは、**サービス指向アーキテクチャ（SOA）**と呼ばれ、ソフトウェア機能を再利用可能なサービスとして設計し、これらのサービスを組み合わせてビジネスプロセスを構築する方法を採用しています。SAP社はこのコンセプトを「ESA（Enterprise Service Architecture）」として提唱しました。

SOA（Service-Oriented Architecture）は、ソフトウェア開発のアプローチで、アプリケーションをサービスとして分割し、それらを組み合わせて大規模なシステムを構築する方法です。

SAP社がSOAを採用した背景として、ビジネス環境の変化に柔軟にすばやく対応するためでした。各アプリケーションを独立したサービスとして分割することで、各サービスは特定の機能を提供し、それらを組み合わせることで、大規模なシステムをすばやく構築します。必要なサービスを組み合わせることで簡単に最適なソリューションを生み出すことができます。特に自社に合ったシステムを求める傾向の強い日本企業にとってSOAは、最適なシステム配置を構築できる手段となりました。

SOA志向を採用したことで、SAP社は、ERPシステムの柔軟性や拡張性を向上させ、顧客により優れたソリューションを提供することができるようになりました。

2006年には、「mySAP ERP 2005」が「SAP ERP 2005」と改称され、「SAP ERP 6.0（以下、ERP 6.0と記載）」がリリースされました。このバージョンは、SOAや内部統制への対応が特徴で、製品名が変更されるなど、SAP社のコンセプト志向が強まった時期でした。

■ SOA志向の概念図

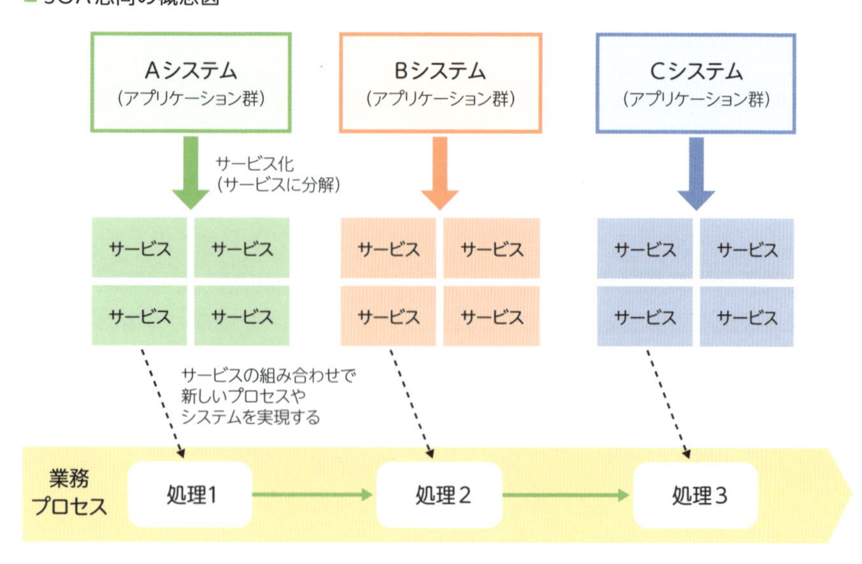

第4世代のERPソフトウェア「SAP S/4HANA」の登場

現在の主力製品であるSAPの次世代ERPソフトウェア「SAP S/4HANA」(以下、S/4HANAと記載)は、2015年にリリースされました。第4世代と呼ばれるERPソフトウェア製品です。**SAP社のインメモリデータベース「SAP HANA」を採用することで、リアルタイムでのデータ処理と高度な分析を可能に**しました。詳細については第2章で説明します。

「S/4HANA」は現在、オンプレミス版とクラウド版の両方が提供されており、その柔軟性と豊富な機能により、ビジネスのあらゆる場面で必要な情報を効果的に管理できるようになりました。

COLUMN

SAPはなぜ世界の大企業に選ばれるのか?

SAPが世界の大企業から選ばれる最大の理由は、豊富な業界特化ソリューションにあります。各業界の特性や要件を深く理解し、それに適したシステムを迅速に導入できるため、企業ニーズにピッタリ合った解決策を提供できるのです。

さらに、SAPは革新的技術への投資も積極的に行っており、AIやIoTなどの最新技術を製品に取り入れ続けています。

長年の実績による信頼性と、最新技術の積極的な採用。この両立こそが、SAPが競合他社に先んじて、世界の大企業から選ばれ続ける理由なのです。

まとめ

- **SAP社は、ドイツの会社で世界No.1のERPベンダーです。SAP社のERP製品は、世界のトップ企業や業界リーダーに支持されています。**
- **SAP社の最新のERP製品「SAP S/4HANA」は、リアルタイムでのデータ処理と高度な分析機能を提供しています。**

02 ERPとは

「S/4HANA」製品の理解を深めるために、ベースとなるERPシステムについて詳しく解説していきます。

ERPとは

ERPとは、**企業経営を効率化し、企業の情報を一元化することができるシステム**です。ERPは「Enterprise Resource Planning（企業資源計画）」の略称であり、会社の経営資源である「ヒト・モノ・カネ」を管理するためのシステムです。

日々の企業活動において発生する「ヒト・モノ・カネ」の流れを一箇所で管理し、散らばっていた業務プロセスを統合することで、リアルタイムで情報を共有することができます。

たとえば、ある会社が製造業を行っているとします。製造ラインのスケジュール管理や在庫管理、売上データの記録など、多くの情報が発生します。しかし、これらの情報がばらばらのシステムに分散していた場合、情報の把握や分析が難しくなります。そこでERPを導入することで、製造部門と販売部門、会計部門などの情報を一元化し、効率的な経営判断を行うことができるのです。

現在のERPは、経営資源の管理というより、エンタープライズ向けの販売、会計、人事、在庫などの異なるビジネスプロセスを1つのシステムに統合することができるビジネスソフトウェアという意味合いが強いです。販売、会計、人事、在庫管理など、異なる部門の業務を1つのシステムに統合することで、部門間の壁を取り払い、スムーズな情報共有と迅速な意思決定を支援します。

このように、ERPは現代の企業経営に欠かせない重要なツールとなっており、「統合基幹業務システム」と呼ばれる理由もここにあります。大企業だけでなく、成長期の中小企業でもERPの導入が進んでおり、ビジネスの規模や業種を問わず、効率的な経営を実現するための基盤として広く活用されています。

■ ERPシステムのイメージ図

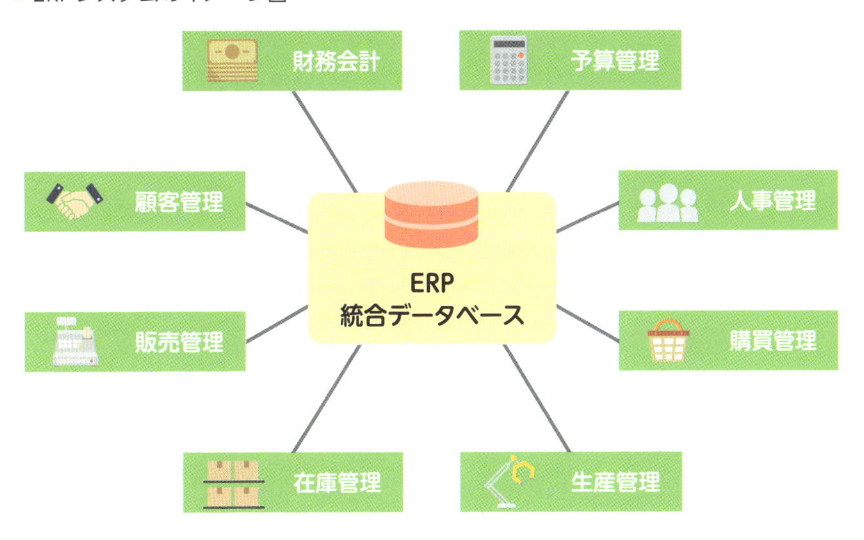

ERPの歴史

ERPの始まりは、1960年代にさかのぼります。かつては企業情報を紙で管理していましたが、コンピュータの登場で管理方法が大きく変化しました。特に1960年代にはコンピュータの生産性が向上し、ビジネスや産業の分野で広く利用されるようになりました。その結果、企業情報をデジタルで管理する必要性が生まれました。そこで登場したのが資材所要量計画（Material Requirements Planning：以下、MRPと記載）です。

MRPは、**生産計画に基づいて、必要な資材（原材料や部品）を必要なときに必要な量だけ調達**できるようにするための手法です。MRPは、1960年代から1970年代にかけて開発されたシステムで、製造業における生産計画と在庫管理に焦点を当てた業務システムです。当初は、製造業の生産プロセスを支援するために導入されました。このシステムは、製品の需要と供給を調整することで、**在庫を適切に管理し、生産効率を向上させる役割**を果たしました。

しかし、企業の業務は次第に複雑になり、生産部門以外の関連部門の業務も統合的に管理する必要が出てきました。このようなニーズに応えるために、1980年代にMRPの進化版であるMRP Ⅱが登場しました。

MRP IIは、生産プロセスだけでなく、企業全体のさまざまな部門の業務を統合的に管理することを可能にしました。つまり、会計、人事、販売、購買、生産、在庫管理など、**生産プロセスに関連する業務領域の情報を一元的に集約・管理するシステム**となりました。こうした進化がERPの基盤となりました。

1990年代になると、本格的なERPソフトウェアベンダーが登場し、ERPの普及が始まりました。SAP社やOracle社などがその代表です。ERPは多くの業界で導入され、組織内の業務プロセスを効率化し、情報の統合を実現しました。実際、ERPは1990年代前半から欧米企業を中心に導入が広がり、日本では2000年代から大企業を中心に導入が広がっていきました。

■ ERPの歴史（MRPからERPへの変遷）

	1960～1970年代	1980年代	1990年代
	MRP （資材所要量計画）	MRP II （生産資源計画）	ERP （企業資源計画）
管理範囲	製造部門の 生産プロセス	生産プロセスと 関連がある業務プロセス	企業のあらゆる 業務プロセス
目的	生産プロセスの 効率化	生産プロセスと 関連業務の効率化	企業全体の業務 プロセスの効率化

部分最適化と全体最適化

「なぜERPが採用されるのか」を考える上で、課題解決の手法として「最適化」という問題解決のアプローチを理解する必要があります。最適化には、**部分最適化と全体最適化という2つのアプローチ**があります。

部分最適化は、問題を小さなパーツに分割して個別に最適解を見つける手法です。各パーツは独立して最適化されるため、効率的に解を見つけることができます。しかし、全体の最適解に近づける保証はなく、局所的な最適解に陥る可能性があります。

一方、全体最適化は、問題を1つの大きな全体として捉え、全体的な最適解を見つける手法です。全体を考慮するため、よりよい解を得ることができる可能性がありますが、計算コスト（時間や経済コストなど）が高くなる傾向があります。

どちらのアプローチが適しているかは、解決すべき問題や制約に依存します。したがって、目的や状況に合わせて適切なアプローチを選ぶことが重要です。上記のことから「全社的なシステム構築を行う場合は、いずれがベストか」を考えた場合、**全体最適化のアプローチを採用することが望ましい**です。全体最適化のアプローチを採用することで、会社全体でのコスト削減や生産性の向上、資源の最大活用などの効果を生み出すことができます。

ERPは全体最適による業務システムの統合化

紙からデジタルでの情報管理へ移行した企業の業務システムですが、業務の個別課題の解決手段として業務効率化を目指した部分最適化されたシステムが業務部門ごとに次々と構築されることになりました。結果として各システムで同じようなマスタを管理することになり、それぞれのマスタを最新の状態にするために同期を図る必要が生じることになりました。また、各部門が部分最適化を進めた結果として、企業全体では全体最適化されないという結果に陥ることになりました。

この課題を解決するために、企業全体で統合的な最適化を図るためのシステムとしてERPが導入されました。ERPは、各業務部門の部分最適化されたシステムやプロセスを統合し、**データの一元化を図ることで、全体最適化された業務システム**として構築することができます。

ERPの導入により、企業は1つのシステム上ですべてのデータを一元管理できるようになり、業務の効率化と統合が進みました。全体最適化によって、重複する作業が減少し、**データの整合性とリアルタイム性が向上**しました。これにより、より効率的な業務運営と迅速な経営判断が可能になり、企業の競争力向上にも寄与する結果となりました。

■ 全体最適化されたシステムのイメージ

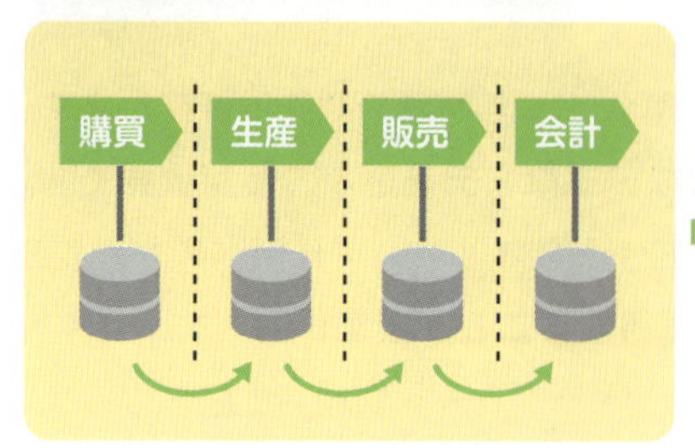

マスタ同期やバッチ処理が必要

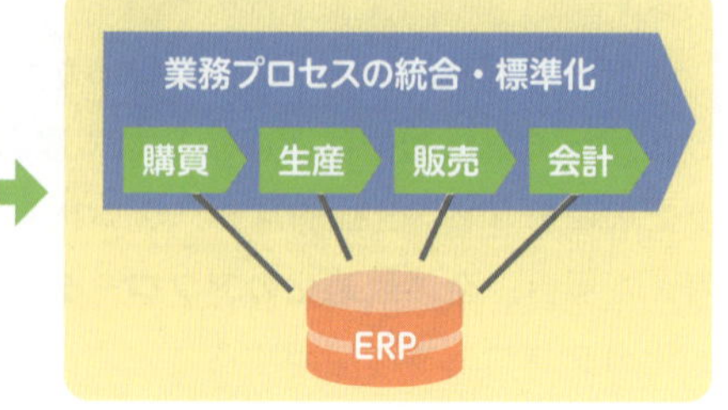

統合された1つのデータベース

ERP導入のメリット・デメリット

ERPは、企業の経営効率化や情報の一元化に大きな効果をもたらす反面、導入にはコストや時間、組織変革の課題が伴うことを理解しておく必要があります。以下にERP導入のメリット・デメリットをまとめます。

ERP導入のメリット

情報の統合による意思決定の向上

ERPは、さまざまな部門や機能間で情報を統合し、**リアルタイムでデータの共有を可能に**します。これにより情報の一元化による会社全体での情報共有と迅速な意思決定の向上につながります。また、ERPで管理する情報には、過去や現在のデータだけでなく、将来の予測も含まれます。これにより、経営層はデータに基づいた経営判断ができるようになります。

業務プロセスの統合による情報の二重入力やエラーの削減

自動化された業務プロセスと効率的なワークフロー機能が提供され、作業時間が短縮され、人的ミスも削減することができます。

生産計画や在庫管理の効率化によるコスト削減と生産性の向上

MRP機能の利用により必要な資材を必要なときに必要なだけ調達・購買し、

製造するための生産計画を作成することで在庫管理を最適化し、過剰在庫や不足在庫を減少させ、費用を節約します。

ERP導入のデメリット

導入にあたってコストがかかる

機能が充実しているERPシステムは高額であり、導入にあたっての作業費用についても高額となることが多く、結果としてシステム導入の初期コストが企業の大きな負担となります。

導入にあたって時間がかかる

ERPシステムの導入には製品に関する専門知識のある要員が必要であり、また導入作業も複雑なため、最低でも1年程度の導入期間が必要となります。また、既存の業務プロセスの見直しと変更が必要な場合があるため、組織変革への取り組みも必要です。

カスタマイズの制約

ERPシステムは一般的な機能を提供しますが、特定の業界や企業のニーズに合わせてカスタマイズする際には機能の制約があることがあります。企業のニーズに合わせて対応できる柔軟さを持っていますが、標準機能では実現できない要件も発生します。

まとめ

- **ERP（統合基幹業務システム）は、企業の情報を一元管理し、経営を効率化するためのシステムです。**
- **ERPの導入に際しては、「全体最適化」のアプローチを採用し、会社全体の業務を最適化します。**
- **ERPの導入には、経営の効率化や情報の一元管理といったメリットがあります。しかし、デメリットとして、導入に時間とコストがかかり、うまくいかないリスクもあります。**

03 ERP製品の市場動向(グローバル・国内)

ERP製品のグローバル市場と国内市場の動向について説明し、さらにSAP以外の製品についても解説します。

世界のERP製品の市場動向

2021年までのERP市場には、クラウド化、AIや機械学習の利用、モバイルデバイスへの対応などの大きな変化が見られました。特に新型コロナウイルスの影響でテレワークやオンラインビジネスが増え、**クラウド型ERPの重要性が増しました**。以前は「会社に行かないと仕事ができない」という状況が普通でしたが、今では自宅からでも安全にERPを使って仕事ができるようになり、職場環境が大きく変わりました。

ERPの市場規模は、2021年のResearch and Markets社の調査によると、2021年時点でのERPソフトウェア市場は約394億ドルで、2026年までには約600億ドルに達すると予測されています("ERP Software Global Market Report 2021: COVID-19 Impact and Recovery to 2030")。ERPの主要なカテゴリとして、顧客関係管理(CRM)や財務管理が大きな割合を占めており、これらの分野への投資が顕著です。

2021年時点で、ERP市場で最も大きなシェアを持っているのはSAPです。次に、Oracle、Microsoft、Inforなどの企業も重要なプレイヤーとして存在しており、SAPと同様に企業の業務プロセスを効率化するためのさまざまなソリューションを提供しています。特にOracleは、1990年代に市場をリードし、ERP業界全体の成長を牽引してきました。

ERP市場は急速に発展しており、**企業が業務プロセスを効率化し統合するのに欠かせない存在**となっています。今後も市場は成長を続け、技術もさらに進歩すると予測されています。

Oracle社のERPソフトウェアは「Oracle Fusion Cloud ERP」

現在のOracle社の主要なERPソフトウェアは「Oracle Fusion Cloud ERP」です。この製品は、会計、財務、プロジェクト管理、調達、リスク管理など、企業の多くの業務を統合的に管理するための機能を提供しています。このソフトウェアは、「S/4HANA」と同様のクラウド製品ですが、Oracle社のデータベース技術とクラウド基盤をベースとした製品です。

「Oracle Fusion Cloud ERP」は、クラウドベースのソリューションで、カスタマイズできる範囲は限られていますが、導入が迅速で、メンテナンスが容易というメリットがあります。金融業界を中心に従来からOracle社の製品を利用しているユーザー企業に利用されている製品です。SAP製品と比べて、業界に特化したソリューションという強みを持っています。

SAPと同様に優れたソリューションを持っていますので、主流であったオンプレミス型の「Oracle E-Business Suite」より、「Oracle Fusion Cloud ERP」へ移行するユーザー企業も多数いるのではないでしょうか。

Microsoft社のERPソフトウェアは「Microsoft Dynamics 365」

「Microsoft Dynamics 365」は、クラウドベースのソリューションで、財務、サプライチェーン、製造、人事管理、カスタマーサービスなど、企業のさまざまな部門に対応するモジュールを提供しています。

このソリューションの特長の1つは、他のMicrosoft製品との緊密な連携です。「Microsoft Office 365」や「Microsoft Teams」とシームレス[1]に連携できることが一番の優位性ではないでしょうか。他のERP製品に比べて、機能不足の面もありますが、不足している機能を利用ユーザー自身が「Power Apps」で簡単に作成できるところも大きなメリットかと思います。

また、AIを活用したビジネスインサイト（洞察）と予測能力といったインテリジェンス機能も搭載しており、ビジネスデータを効果的に利用できます。

---

[1] シームレス（Seamless）は、連続性や一貫性があり、隙間や中断がないことを指す言葉です。シームレスな連携やシームレスな統合は、異なる要素やシステムが円滑に連携し、処理の流れが中断せずに維持されることを意味します。

「Microsoft Dynamics 365」は、その柔軟性と拡張性から、大企業から中小企業まで、さまざまな業種や規模の企業にも対応できます。ERP製品としての歴史は浅いですが、導入の容易さと使いやすさも評価されていますので、今後、中堅企業を中心に導入が増えていくと予想されます。

国内のERP市場について

国内のERP市場についても簡単に触れておきます。まず、市場規模についてのデータを見てみましょう。日本国内のERP市場は、市場調査会社や専門機関が定期的に調査を行い、その結果が公表されています。矢野経済研究所の調査データによれば、2021年時点での国内ERP市場の規模はERPパッケージライセンス売上高として約1,278億円と推定されています。

■ ERPパッケージライセンス売上高推移（エンドユーザー渡し価格ベース）

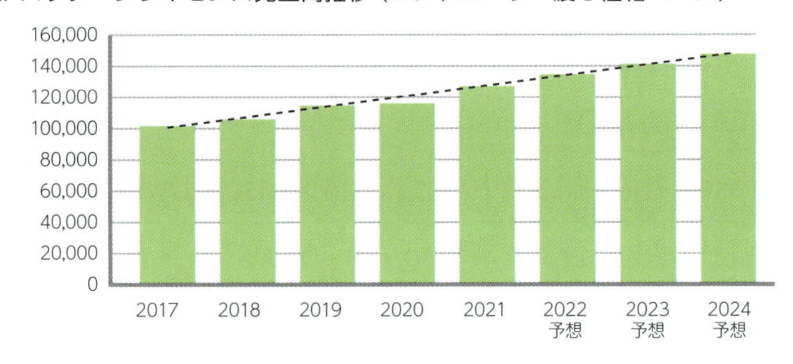

単位：百万円

		2017	2018	2019	2020	2021	2022予想	2023予想	2024予想
ERPライセンス売上高		102,434	106,942	114,428	116,030	127,800	134,500	141,000	147,660
	対前年比	100.8%	104.4%	107.0%	101.4%	110.1%	105.2%	104.8%	104.7%

［出典：「ERP市場の実態と展望」（株式会社矢野経済研究所）］

次に、市場シェアについてのデータを見てみましょう。市場シェアは、主要なERPベンダーの売上高シェアから推定されます。矢野経済研究所の調査データによれば、2021年の国内市場においてOBIC7（オービック社のERP製品）が24.3%のシェアを持ち、SAPが20.5%のシェアを持っています。グローバルERP製品である「Oracle Fusion Cloud ERP」や「Microsoft Dynamics 365」も6.1%

程度市場シェアを持っています。

これらのデータから、ここ数年、**ERP市場は順調に成長しており、将来も市場の成長が期待**されています。市場の成長背景には、企業の業務効率化ニーズやDX（デジタルトランスフォーメーション）の推進などが寄与していると考えます。

■ 2021年　クラウド全体（IaaS・PaaSとSaaSを含む）の売上高シェア（エンドユーザー渡し価格ベース）

（単位：百万円）

	2020年		2021年	
	売上高	シェア	売上高	シェア
OBIC7	12,300	23.3%	16,030	24.3%
SAP	11,880	22.5%	13,489	20.5%
COMPANY	4,752	9.0%	7,812	11.8%
Oracle Fusion Cloud	3,550	6.7%	4,050	6.1%
Dynamics 365	3,330	6.3%	4,000	6.1%
NetSuite	2,170	4.1%	2,380	3.6%
その他	17,047	32.3%	18,171	27.6%
合計	52,859	100%	65,932	100%

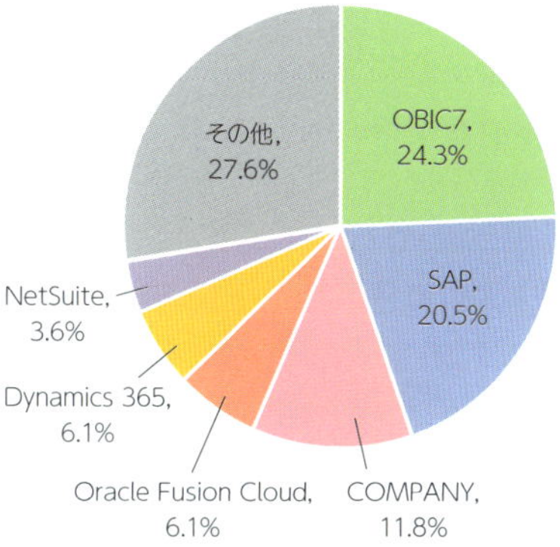

［出典：「ERP市場の実態と展望」（株式会社矢野経済研究所）］

グローバルERP製品と国内ERP製品の違い

国内ERP製品は、グローバルERP製品とどのように棲み分けがされているのでしょうか。

やはり、拡張性（拡張性）とコストの面での差が大きい気がします。

ほとんどの**グローバルERP製品は、多国籍企業や大規模企業向けに設計**されています。これらの製品は、複数の国や地域でのビジネス要件に柔軟に対応できるように開発されています。そのため、多言語対応や多通貨対応などが標準機能で備わっています。

ユーザー企業が新たに海外進出する場合でも、迅速に現地に合ったシステムを導入できる拡張性を備えています。ただし、これらのグローバルERP製品は大企業向けに作られており、システム導入費用や維持費用が高額になることがあります。

一方、国内ERP製品は日本国内の企業活動をターゲットにして開発されていることが多いです。これらの製品は**日本の商習慣や法改正に対応**したビジネス要件に基づいて作られているため、ユーザーにとって理解しやすいという利点があります。また、システム導入費用や維持費用についても、グローバルERP製品に比べて安価な製品が多いです。そのため、国内ERP製品については中堅企業や中小企業に導入が進んでいます。

グローバルERP製品と国内ERP製品は、それぞれ得意分野が異なります。どちらが優れているかではなく、企業の長期的なビジネス活動や必要なシステム化の要求に合った製品を選ぶ必要があります。

国内ERP製品の導入事例｜製造装置企業のシステム統合

国内ERP製品の導入事例としてオービック社の「OBIC7」の導入事例を紹介します。製造装置の開発から販売・サービスまでのトータルソリューションを提供するメーカーでは、グループ会社を含めて以下の課題に直面していました。

経営課題

① **グループ内で異なる基幹システムを使っており、関連コストが増加している。**

② **業務ごとにシステムがばらばらで、2重入力やチェックの業務負荷が増大している。**

③ **既存システムの保守切れへの対応やグループ全体でのIT統制への対応が不可欠。**

導入にあたってグループ全体として共通の基幹システムを導入することが決定し、会計・原価・販売・製造・サービスの基幹業務システムとして「OBIC7」を導入しました。結果として、グループ内で業務の標準化と効率化が実現し、トータルコストが削減され、経営情報の活用が向上しました。

■ グループ会社を含めたシステム全体図

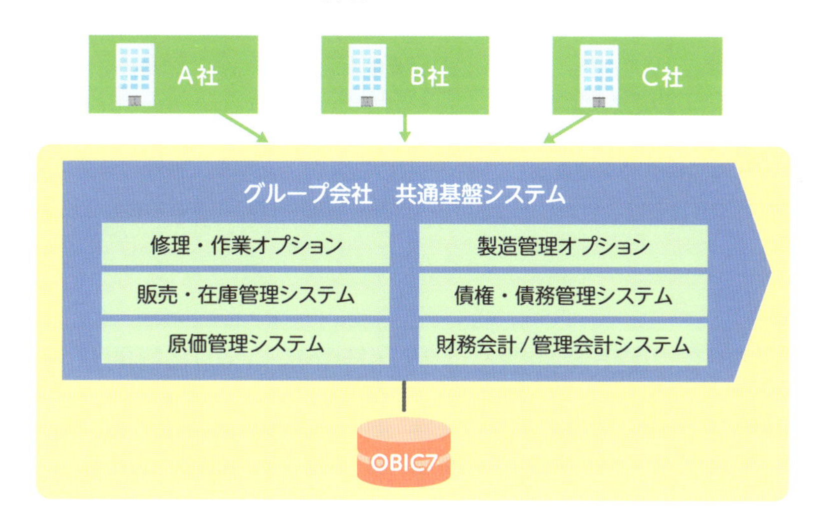

［出典：オービック社ホームページ　導入事例より］
https://www.obic.co.jp/casestudy/kikai_erp.html

グループ全体で情報を一元化し、業務プロセスを統合することで、情報の二重入力やエラーが減少しました。情報共有がスムーズになり、業務効率が向上した事例となります。特にグループ会社や関連会社を含め、海外拠点よりも国内拠点が多い場合には、国内ERP製品を選択することは、基幹業務システムを構築するための適切な選択肢といえます。

まとめ

- **世界のERP市場は成長を続けています。特に、クラウド型ERPの需要が増加しています。**
- **グローバルERP製品と国内ERP製品にはそれぞれ得意分野があります。どちらが優れているかではなく、企業のビジネスニーズに最適な製品を選ぶことが重要です。**

04 SAPユーザーを悩ます2027年問題

SAP社の製品戦略の発表により、多くのSAPユーザー企業が、同社の製品の利用可否について選択を迫られました。SAPの2027年問題の経緯について解説します。

SAPの2025年問題とは「S/4HANA」への移行問題

SAP社は2019年初め、多くの企業が利用している「ERP 6.0」を含む古いERPソフトウェアの保守サポートを2025年に終了すると発表しました。この突然の通告は利用企業に大きな衝撃を与えました。**SAP社は、同時に、次世代製品「S/4HANA」への移行を推奨**しました。

これを受けて、SAP利用企業は、保守サポート期限切れのまま製品を使い続けるのか、SAPが推奨する次世代製品へ移行するか、別のERP製品に移行するかなどの選択を迫られることになりました。これがSAPの2025年問題です。

多くのSAP利用企業は、次世代製品への移行を検討する際、予算確保や導入体制の整備に課題を感じました。特に深刻だったのが、**SAPの専門知識を持つ人材の不足**です。SAP社の発表後、多くの企業が一斉に「S/4HANA」への移行プロジェクトを開始しました。その結果、導入を支援するコンサルタントやITベンダーの人材が不足し、移行したくてもできない企業が続出する事態となりました。

■既存製品に対するSAPの保守サポート期間

バージョン	2020	2021	2022	2023	2024	2025	2026	2027	2028	2029	2030
SAP ERP 6.0 Ehp5 以前	保守サポート期間(2025/12/13まで)										
SAP ERP 6.0 Ehp6 以上	保守サポート期間(2027/12/13まで)							申込	延長保守		

SAPの2025年問題は、2027年問題へ

2022年2月、SAP社が推奨する移行先である「S/4HANA」への移行はあまり進んでいない状況を鑑みて、同社は「ERP 6.0」の保守サポート期限を2027年までに延長し、オプションの延長保守サービスは2030年末まで提供されることを発表しました（ただし、EhP[1]6まで製品のバージョンアップを行うことが前提）。

結果として**問題は先送りされ、現在も引き続き「SAP 2027年問題」として利用ユーザーにとって重要な課題**となっています。特に今後の検討にあたり、注意すべきことがあります。これまでオンプレミスサーバーで利用されていた「ERP 6.0」は、アプリケーションの保守期限が2027年に延長されたとしても、先にOSやデータベースといったハードウェアがEOS[2]（End of Sale：製品・サービスの販売・保守終了）を迎えてしまう可能性があります。

そのため、ハードウェアの更改期限なども考慮した形で、SAP ERPシステムを継続利用するためのITロードマップを中期的に描く必要が出てきています。こういった**システム構想を描く人材も不足**している現状から、システムの企画段階、導入段階のいずれにおいてもユーザー企業を悩ます問題として継続して取り組む必要がある状況にあります。

まとめ

- **SAP 2027年問題は、ERP 6.0の保守サポート終了に伴い発生しました。SAP社は「S/4HANA」への移行を推奨しています。**
- **SAPユーザー企業は、保守サポート期限切れ後も使用を続けるか、次世代製品へ移行するかの選択を迫られていますが、多くの企業で対応が遅れています。**

---

[1] EhPは、SAP ERP Central Component（ECC）6.0のユーザー向けに提供される機能拡張パッケージ（Enhancement Package）の略称です。

[2] EOS（End of Sale）は、製品やサービスが販売終了する日付で、OSやサーバーなどの保守期限が切れる日を表します。

05 SAPが推進するDX戦略

SAPのDX戦略を理解するために、まずDXとは何かを説明します。その後、ERPベンダーからDXベンダーに進化しているSAP社が提唱しているビジネスの方向性を理解し、そして「S/4HANA」が誕生した背景を説明します。

DXとは

DXは、Digital Transformation（デジタルトランスフォーメーション）の略称です。もともと、DXは2004年にスウェーデンの大学教授によって提唱された概念で、広義では「ICT（情報通信技術）が社会に浸透すれば、人々の生活のあらゆる面で、よりよい方向に変化が起きる」というデジタル技術の活用による段階的な社会の大きな変化を表す言葉でした。

これらを前提に、2018年には日本企業を対象として経済産業省がDXを以下に再定義しています。

「企業がビジネス環境の激しい変化に対応し、データとデジタル技術を活用して、顧客や社会のニーズを元に、製品やサービス、ビジネスモデルを変革するとともに、業務そのものや、組織、プロセス、企業文化・風土を変革し、競争上の優位性を確立すること」

引用元：DX推進ガイドライン（経済産業省）

DXが求められる背景

DXが話題になる今日、その背後にはグローバルな競争とデジタル技術の急速な進化があります。かつては、国や地域での競争が主流でしたが、インターネットの普及により、世界が1つの大きな市場になりました。この変化は、企業にとって新しいチャンスをもたらす一方で、競合相手も増え、生き残るための戦いが厳しくなっています。

さらに、スマートフォンやクラウド、AIなどのデジタル技術が飛躍的に進化しています。これらの技術は、新しいビジネスモデルやサービスを生み出し、従来の産業を根底から変える力を持っています。たとえば、タクシー業界に登場したUberや、宿泊業界に影響を与えたAirbnbなどがその好例です。

このような状況で、企業が未来に生き残るためには、ただ古い方法を続けるだけでは不十分です。**新しい技術を積極的に取り入れ、ビジネスを効率的に行い、顧客に新しい価値を提供する必要があります**。これが、DXが求められる大きな理由です。簡潔に言えば、**DXは新しい時代の競争で成功するために必要不可欠な要素**といえます。

DX推進に取り組む上での企業の課題

企業のDX推進に取り組む上での課題としては、「推進・導入する人がいない」、「進め方やアプローチがわからない」、「DXを推進するための具体的なソリューションがわからない」、「取り組みやツールを管理するのが大変」などが挙げられています。

■ DXを推進する上での課題

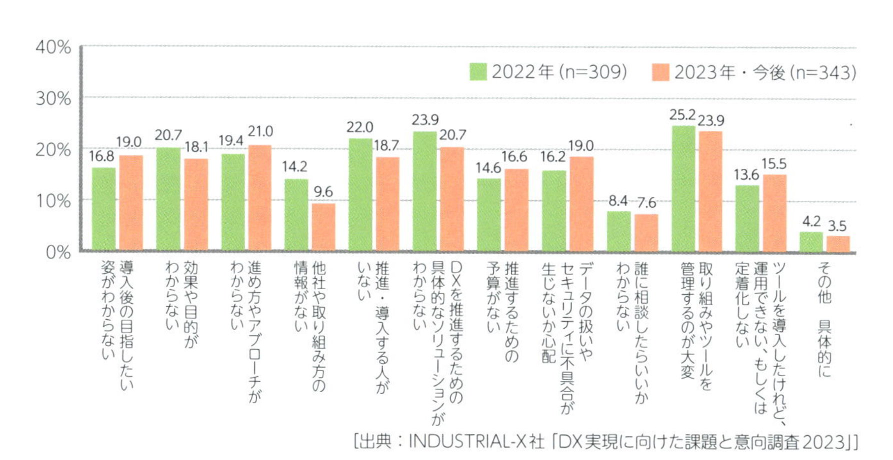

[出典：INDUSTRIAL-X社「DX実現に向けた課題と意向調査2023」]

こういった状況にある中、SAP社は、自らが**DXの推進するソリューション**

リーダーとなり、最新のデジタル技術を自社製品に取り込み、自社の製品の利活用を通じて、企業のDXの取り組みを支援することを行っています。その代表的な製品が「S/4HANA」であり、**「S/4HANA」は、DXを実現するための強力なツール**です。「S/4HANA」を導入することで、業務効率化、データ活用、顧客体験の向上など、多角的な課題解決が期待できます。

既存のERPシステムの課題

ERPシステムを利用しているユーザーについても、長年、ERPシステムを利用していく中で新たな課題が発生することになりました。既存の利用ユーザーの課題は、SAP社にとっても取り組むべき課題となりました。

製品アップグレードができなくなる複雑なシステム

企業特有の要求を満たすために、長い間、追加開発作業を行ってきました。この結果、システムが非常に複雑になり、製品のバージョンアップが容易ではなくなりました。新しいバージョンに移行する際には、互換性を確認するための影響調査に時間がかかり、問題がある場合は追加開発したプログラムを修正しなければなりません。そのため、都度、追加の改修コストがかかり、結果として**システムが複雑でメンテナンスが難しい状態**になりました。

情報鮮度が古く、リアルタイムな経営判断ができない

大量のデータを蓄積することにより、バッチジョブのデータ処理量が年々増加し、システムのパフォーマンスに影響が生じます。パフォーマンスを向上させるためにシステムを増強にするにも高額の投資が必要となります。また、業務系システム（SAPなどの基幹系システム）で更新されたデータは、本来リアルタイムで分析系システム（BIやBW[1]）に反映されるのが望ましいのですが、**データ反映にはデータを集約するバッチジョブによる処理が必要**なため、リアルタイムな分析ができないという課題に直面しました。

---

[1] BI（ビジネスインテリジェンス）は、企業が業務データを収集、分析し、意思決定を支援するための技術やツールです。BW（Business Warehouse）は、SAP社が提供するBIツールの製品名です。

■ 業務系システムと分析系システムとの連携課題

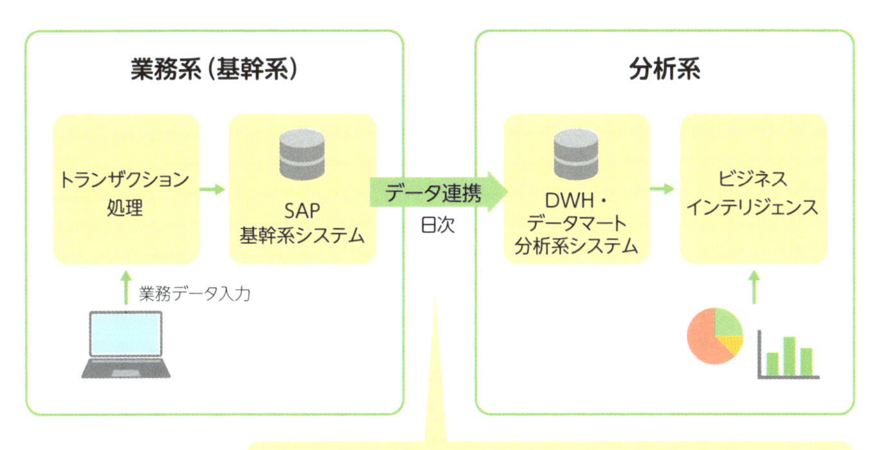

ワンファクト・ワンプレイス・リアルタイムからの乖離

SAPが創業より掲げるシステムの理想の状態として「**One Fact、One Place、and Real Time（ワンファクト・ワンプレイス・リアルタイム）**」があります。どういう意味かというと、「事実は1つであり、その事実を1箇所に記録されている状態」を指します。また、「すべての活動をデータの発生箇所でリアルタイムに記録されていること」を指しています。

多くのユーザーがSAPのERPシステムを利用しているにも関わらず、目指している「ワンファクト・ワンプレイス・リアルタイム」の状態から遠ざかってしまっていることにSAP社自体も課題認識を持っており、「1つの事実を1箇所でリアルタイムに管理する」という目標に未だ達していないと認識していた可能性が高いです。

上記のような課題に対する課題解決の手段として提唱したのが、「インテリジェント・エンタープライズ」となります。

DXコンセプト「インテリジェント・エンタープライズ」とは

SAP社が提唱したDXコンセプト「インテリジェント・エンタープライズ」を理解することで、SAPが提供するさまざまな製品やソリューションの本質が理解できます。

DXコンセプト「インテリジェント・エンタープライズ」

SAP社は、2018年にDXを進めるための新しいフレームワーク「**インテリジェント・エンタープライズ**」を提唱し、多くの注目を集めました。

「インテリジェント・エンタープライズ」は、デジタル技術とデータを活用してビジネスプロセスを効率化し、より賢明な意思決定を行い、顧客体験を向上させる企業を目指しましょうというコンセプトです。

具体的には、ビッグデータ、人工知能（AI）、インターネット・オブ・シングス（IoT）、クラウドなどの最新技術を駆使し、急速に変化するビジネス環境に適応することを意味しています。DXの目指すところは、外部環境の変化にすばやく対応できるビジネスプラットフォームを組織内に構築することにあります。企業が常に最新の状況に適応し、競争力を維持できる体制を整えることを目指しているのです。

企業が目指すべき「インテリジェント・エンタープライズ」とは

「インテリジェント・エンタープライズ」は、次ページの図の仕組みを構築できた企業を指します。「インテリジェント・エンタープライズ」は、ビジネスコラボレーション、ビジネスプロセス、ビジネスアプリケーション、ビジネステクノロジーの4つのレイヤーで構成されます。

ビジネスコラボレーションレイヤーでは、自社にとどまらず、他社とのデジタル連携を実現し、社外とのビジネスプロセスの連携を実現することが目標となります。

ビジネスプロセスレイヤーは、統合されたビジネスプロセスをデータに基づいて分析し、改善することで、顧客体験を最適化することが目標となります。

ビジネスアプリケーションレイヤーでは、反復作業を削減し、プロセスを自動化するための優れたアプリケーション群を積極的に活用することが目標となります。

最後のビジネステクノロジーレイヤーでは、AIや機械学習の活用によりデータドリブン[2]な分析の仕組みを導入することが目標となります。いつでもどこでも正確で最新のデータを把握し、企業活動の健全性を確認し、問題があれば改善のためのアクションを取ることが必要です。

「インテリジェント・エンタープライズ」となりえる企業とは、簡単に言えば、次章以降で紹介する**SAP社の各製品やサービスを上手に使えること**であり、その過程でDXを推進でき、競争力と生産性を向上させることができます。

■「インテリジェント・エンタープライズ」におけるS/4HANAの全体図

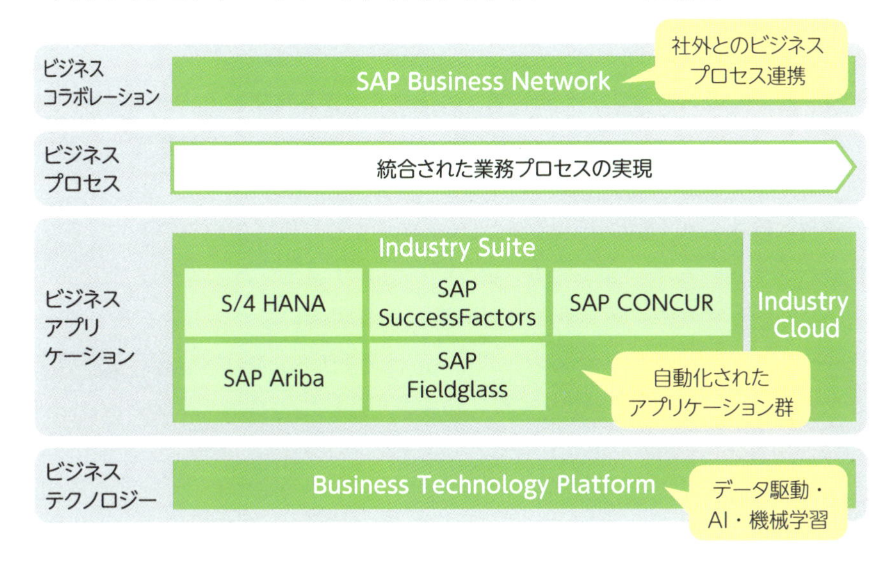

コンセプトの核となる主要な構成要素

「インテリジェント・エンタープライズ」のコンセプトの主要な構成要素は次のものになります。既存のERPソフトウェアをベースとしながらも、新しいデジタル技術を活用することで、賢い意思決定や生産性向上や顧客満足の向上につなげることができます。

[2] データドリブン（データ駆動）とは、意思決定や行動を、データに基づいて行うアプローチや方法論を指します。

■「インテリジェント・エンタープライズ」のコンセプトの主要な構成要素

主な構成要素	コンセプト内容
データ駆動 （データドリブン）	データを活用してビジネスインサイト（洞察）を得る
自動化	ルーティンタスク（定型作業）を自動化し、効率を向上させる
柔軟性と拡張性	環境変化やビジネスニーズに応じてシステムを拡張または縮小することができる
エンドツーエンドの統合	ビジネスの始めから終わりまで、企業内外のプロセスとシステムをシームレスに統合する
顧客中心	顧客体験を最優先に考え、パーソナライズされたサービスを提供する

SAP社はこのコンセプトを通じて、企業がデジタル技術とデータを効果的に活用する方法をソリューションとして提示し、このビジョンを実現するための多くのソフトウェアとサービスを提供しています。

それ以前からも、SAP社は企業のDXを支援するさまざまなソフトウェアとサービスを提供していましたが、この「インテリジェント・エンタープライズ」のコンセプトによって、その方向性がより明確になりました。後述する「S/4HANA」も「インテリジェント・エンタープライズ」のコンセプトを実現する次世代プラットフォームの1つとなります。

まとめ

- **既存のユーザーが追加開発を行いながらSAPを使い続けた結果、システムが複雑化し、製品のアップグレードが難しくなりました。また、データのリアルタイム性も失われました。**
- **「One Fact、One Place、and Real Time（ワンファクト・ワンプレイス・リアルタイム）」がSAPシステムの理想像。**
- **SAP社は、「インテリジェント・エンタープライズ」というコンセプトに基づき、最新のデジタル技術を活用して企業のDXを推進しようとしています。**

2章

「S/4HANA」を理解する

SAP社の最新製品である「S/4HANA」は、次世代のERPシステムです。「S/4HANA」は、今後、企業がDXを推進する上で欠かせないデジタル変革のプラットフォームとなります。この章では、圧倒的な高速処理を実現している「S/4HANA」の概要とアーキテクチャならびにSAPシステムの全体像について紹介します。

06 「S/4HANA」とは

「S/4HANA」は、SAP社が提供する次世代のERP製品であり、企業の業務プロセスを効率化し、リアルタイムでデータにアクセスし分析することで、迅速な経営判断が可能となり、さらなる競争力向上を目指すことを目的としています。

「S/4HANA」の種類

「S/4HANA」には3つのバリエーションがあり、オンプレミス版[1]、プライベートクラウド版、パブリッククラウド版があります。

「S/4HANA」は、2015年にオンプレミス版として登場しました。翌年の2016年にはSaaS型のサービスとして「S/4HANA Cloud」が提供されました。「S/4HANA Cloud」は、2023年10月時点では、「S/4HANA Private Edition」(以下、プライベートクラウド版と記載)と「S/4HANA Public Edition」(以下、パブリッククラウド版と記載)の2つのエディションが提供されています。

■「S/4HANA」製品の種類

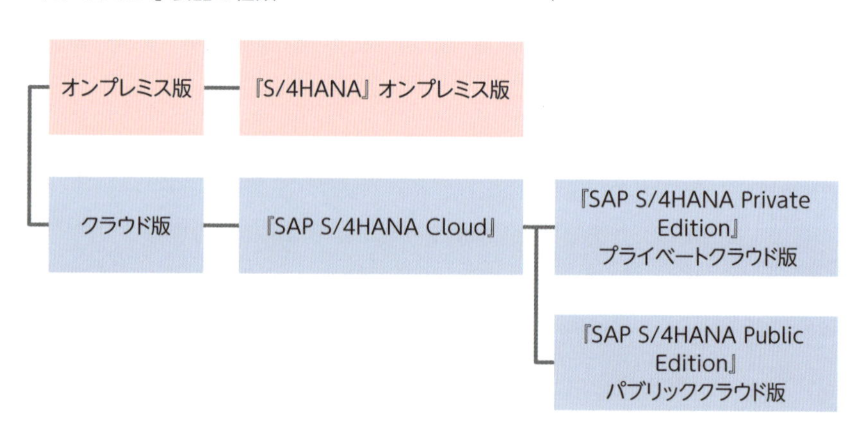

[1] オンプレミスとは、企業が自社の施設内にサーバーやソフトウェアなどのITシステムを設置し、管理・運用する方式です。

「S/4HANA」オンプレミス版

「S/4HANA」のオンプレミス版は、企業が自社のデータセンターで「S/4HANA」を運用するソリューションです。オンプレミス版では、ハードウェアとミドルウェアの調達、運用、およびシステムの保守作業を企業側が行う必要があります。しかし、データは企業内のデータセンターに保管されるため、セキュリティとコンプライアンスの要件を厳格に管理できます。

さらに、オンプレミス版はカスタマイズや追加開発の自由度が高く、企業が特定のビジネス要件やニーズに合わせてシステムを調整できます。また、SAP社からは定期的に新機能やセキュリティアップデートが提供されますが、オンプレミス版ではアップデートのタイミングを企業が自分で選択できます。

総じて、オンプレミス版はそのカスタマイズの自由度、セキュリティ、拡張性などの特徴から、特定の要件やニーズを持つ大企業に特に適しています。また、サーバーや製品の保守運用について自社でシステム管理の体制を整備できる企業に向いています。

「S/4HANA」プライベートクラウド版

プライベートクラウド版は、企業にとって柔軟性と利便性を両立させたソリューションです。このソリューションでは、企業は専用のプライベートクラウド環境を使用し、カスタマイズや追加開発に高い制御を持ちつつ、クラウドの利点を享受できます。

プライベートクラウド版では、SAPのデータセンターや、Amazon Web Services（AWS）、Microsoft Azure、Google Cloud PlatformなどSAPが提携しているクラウドプロバイダーのインフラストラクチャ上に構築されます。この環境を使用することで、データのセキュリティとプライバシーが強化されます。また、ハードウェアやミドルウェアの調達や運用をクラウドベンダーに委託することができます。さらに、企業はカスタマイズや追加開発の拡張、アップデートのタイミングを自由に選択できます。

プライベートクラウド版は、セキュリティ、パフォーマンス、カスタマイズ、追加開発などのニーズに応える魅力的な選択肢であり、クラウドの利点を活用して運用効率を向上させることができます。

「S/4HANA」パブリッククラウド版

パブリッククラウド版は、SAP社が提供するクラウド環境へのアクセスを提供するサブスクリプションベースのソリューションです。このバージョンでは、SAP社が企業の代わりにITインフラストラクチャを管理し、保守を行うため、企業の負担が軽減されます。一方で、標準化されたビジネスプロセスに関連する機能に制約があり、カスタマイズや追加開発は制限されます。

■「S/4HANA」の製品比較

	オンプレミス版	プライベートクラウド版	パブリッククラウド版
インフラ	顧客が用意するサーバー	SAPのプライベートクラウド（SAPのデータセンターまたは提携しているクラウドプロバイダー）	SAPのパブリッククラウド
機能スコープ	フルスコープ	フルスコープ	標準化されたコア機能のみ
業種別ソリューション	すべての業種をサポート	すべての業種をサポート	プロフェッショナルサービスと製造業サポート
リリース品	1年ごと	1年ごと	3カ月ごと
拡張性	フル拡張オプション、モディフィケーション（アドオン開発可能）	フル拡張オプション、モディフィケーション（アドオン開発可能）	制限のある拡張オプション
更新タイミング	顧客のタイミング	顧客とSAPで調整	自動更新
システム管理	顧客	顧客とSAP	SAP
導入方法	新規導入または既存システムのコンバージョン	新規導入または既存システムのコンバージョン	新規導入のみ
ライセンス	従来のライセンス	サブスクリプション	サブスクリプション
コスト	従来どおり	ハードウェアコストが縮小	ハードウェアコストとアプリケーションコストが最小

製品のアップデートも、SAP社があらかじめ定めたスケジュールに従って定期的に行われ、企業が自由に選択することはできません。

パブリッククラウド版は、早期導入や低コストの導入を希望する企業にとって魅力的な選択肢となります。また、ITリソースの管理と保守の負担を軽減し、企業はコアビジネスに集中できます。

クラウドシフトへ移行が進む。「作る」から「使う」へ

紹介した3製品のうち、**SAP社が考える戦略の方向性といちばん合致しているのが、パブリッククラウド版です**。クラウドシフトの思想により、アプリケーションもハードウェアもクラウドに移行していくことが望ましいです。自社では極力、アプリケーションを開発せず、定期的にSAPから提供される最新のアプリケーションの恩恵を最大限、受けつつ、業務をベストプラクティスに合わせていく。このような考えから、パブリッククラウド版がSAP社の考えるSAP機能を最大限活用してもらえるサービスの提供形態だといえます。

変化の激しい時代において、すばやい変化への対応が必要です。現代は変化が速い時代ですので、急激な変化に適応することが必要です。そのためには、**自分たちで何でも作るのではなく、優れたものを活用することを意識的に考える必要があります**。

まとめ

- **「S/4HANA」には、オンプレミス版、プライベートクラウド版、パブリッククラウド版の3つのバリエーションがあります。システムの拡張性やセキュリティを考慮して、最適な製品を選ぶことが重要です。**
- **急激な変化に柔軟に対応するためには、クラウドシフトの考え方を取り入れることが重要です。これにより、ハードウェアだけでなく、アプリケーションも「作る」から「使う」へと移行することが望まれます。**

07 「S/4HANA」の特徴

「S/4HANA」は、企業がビジネスをより効率的かつ正確に運営できるためのソリューションで、ビジネス競争力の向上を支える5つの主要な特徴があります。

リアルタイム処理能力（インメモリデータベース）

「S/4HANA」の最大の特徴は**リアルタイムデータ処理能力**です。従来のデータベースシステムと異なり、「S/4HANA」はインメモリコンピューティングプラットフォームである「SAP HANA（以下、「HANA」と記載）」データベース上で動作し、これによりデータ分析とトランザクションを同時に行えます。

たとえば、商品が売れた瞬間、その情報は即座にシステムに反映され、商品の在庫状況を常に正確に把握できます。これにより、企業は取引を行う際にデータをリアルタイムで分析でき、意思決定の速度と正確性が大幅に向上します。さらに、大量のデータも迅速に処理できるため、ビジネスプロセスの効率化も期待できます。

高速なパフォーマンス（ゼロレスポンスタイム）

従来のデータベースシステムと比べると、データをメモリ内で処理できる「HANA」を利用しているため、大量のデータへのアクセスや分析をより高速に処理することができます。たとえば、月次決算などの財務報告やMRPなど、多くのデータを処理し、複雑な計算が必要なタスクも、以前は夜間のバッチ処理で行っていましたが、今ではリアルタイムで実行できます。これにより、処理速度だけでなく、ビジネスプロセス全体の速度と効率も向上します。

SAP社では、この高速なデータ処理を「**ゼロレスポンスタイム**」と呼んでいます。これは、従来のSAPと比べて非常に速い処理が可能で、その結果、レスポンスにかかる時間がほとんどゼロに近づくことを意味しています。

■ ゼロレスポンスタイムのイメージ

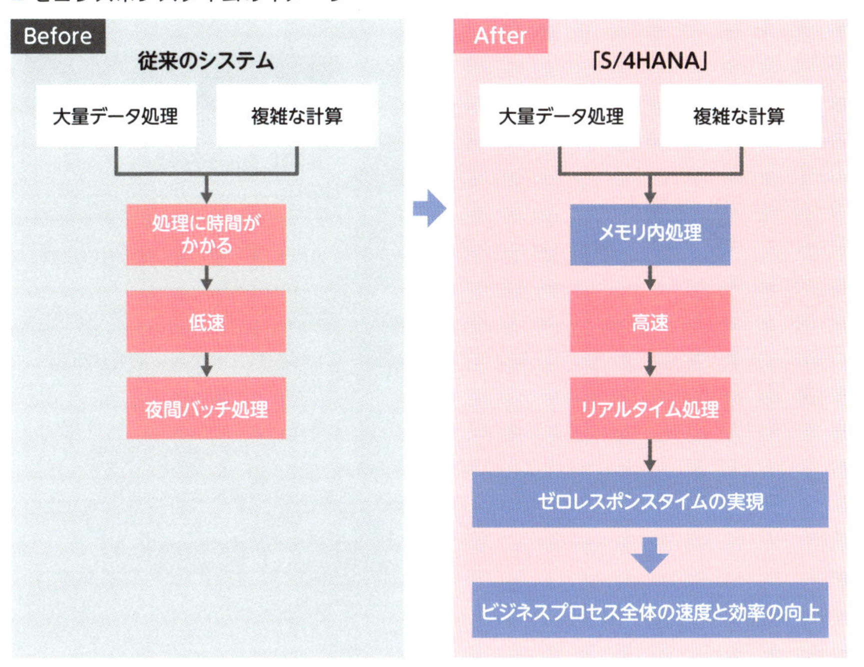

柔軟な拡張性とビジネス変化への対応

「S/4HANA」は柔軟かつ拡張可能なプラットフォームです。企業が成長し、ビジネスが変化するにつれて、システムを簡単に拡張できます。SAPの提供するモジュラーな構造と、APIを通じたオープンな統合設計により、サードパーティのアプリケーションやSAP以外のシステムとの連携がスムーズに行えます。

このため、企業は自身のビジネスモデルに合わせてカスタマイズや拡張を行い、市場の変化や新たなビジネスチャンスに迅速に対応できる体制を整えることができます。たとえば、競争力の源泉となる業務領域については、自社の独自システムを採用し、その他の領域を「S/4HANA」に合わせて業務プロセスを構築することができます。

■「S/4HANA」プラットフォームの特徴

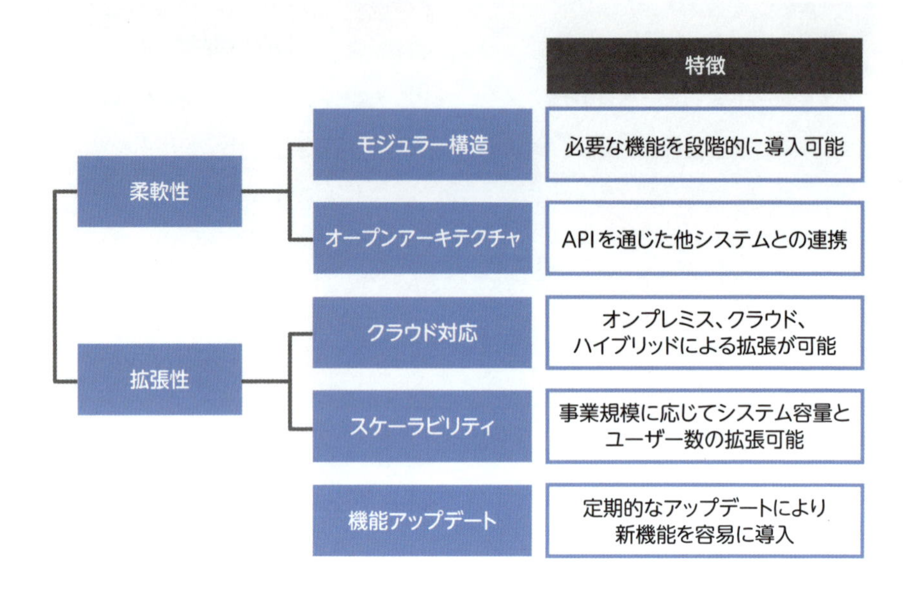

シンプルなユーザーインターフェース

「SAP Fiori（フィオーリ。以下、Fioriと記載）」を採用したことで、「S/4HANA」は直感的で使いやすいユーザーインターフェースを実現しています。従来のSAPシステムが批判されがちだった複雑さを排し、タッチ操作に対応したシンプルなデザインでアクセス性を高めています。UI（ユーザーインターフェース）[1]やUX（ユーザーエクスペリエンス）[2]を改善することで、よりユーザーフレンドリーで直感的に簡単に使用できる画面に変わりました。また利用ユーザーが使いこなすのが簡単なため、従来のERPシステムに比べて、教育コスト削減にもつながります。

[1] UIは、デザインやレイアウト、色、アイコン、ボタンなど、ユーザーが直接操作するデジタル製品の外観と操作性を指します。

[2] UXは、ユーザーがデジタル製品を使用する際の全体的な経験・使いやすさを指します。UIデザインはUXの一部ですが、UXはそれ以上のものです。

■ SAP　Fioriの画面

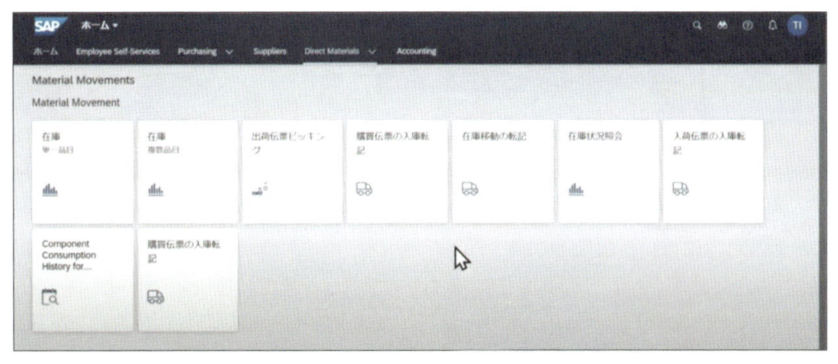

［出典：SAP社　公開動画　画面の転載］

統合されたビジネスプロセス

「S/4HANA」はERPとして会計、ロジスティクス、人事などの各ビジネスプロセスを統合しています。**「S/4HANA」は、さらに「SAP Business Network」により会社間のビジネスプロセスもデジタル化し、統合**することができます。これら統合により、企業内の情報の共有化だけでなく、会社間での情報の共有化を図り、サプライチェーン全体を通じた業務効率化と最適化が実現します。また、統合されたプラットフォームは、新たなビジネスモデルやアプリケーションへの適応をスムーズに行う基盤にもなります。

まとめ

- **「S/4HANA」の最大の特徴は、インメモリ技術を利用したリアルタイムデータ処理能力です。**
- **「Fiori」を採用したことで、「S/4HANA」は直感的で使いやすいユーザーインターフェースを実現しています。**
- **「S/4HANA」は、ビジネスの成長に合わせて柔軟で拡張可能なプラットフォームです。これにより、社内だけでなく、他社とのビジネスプロセスの統合も実現できます。**

08 「S/4HANA」のアーキテクチャ

「S/4HANA」のアーキテクチャはHANAデータベース、アプリケーション層、ユーザーインターフェースの3つで構成されています。ここでは、「S/4HANA」のアーキテクチャの内容について説明します。

HANAデータベース

「S/4HANA」のアーキテクチャの中核となるのは、**SAP社が独自開発した高速なインメモリデータベースであるSAP HANAデータベース**です。従来のデータベースがディスクベースでデータを読み書きするのに対し、HANAデータベースはデータを主記憶装置（RAM）であるメモリに保持し、アクセス時間を大幅に短縮します。さらに、HANAデータベースは列指向と行指向のストレージを組み合わせ、**トランザクション処理と分析の両方で高速な処理を可能**にします。

■ インメモリデータベースの仕組み

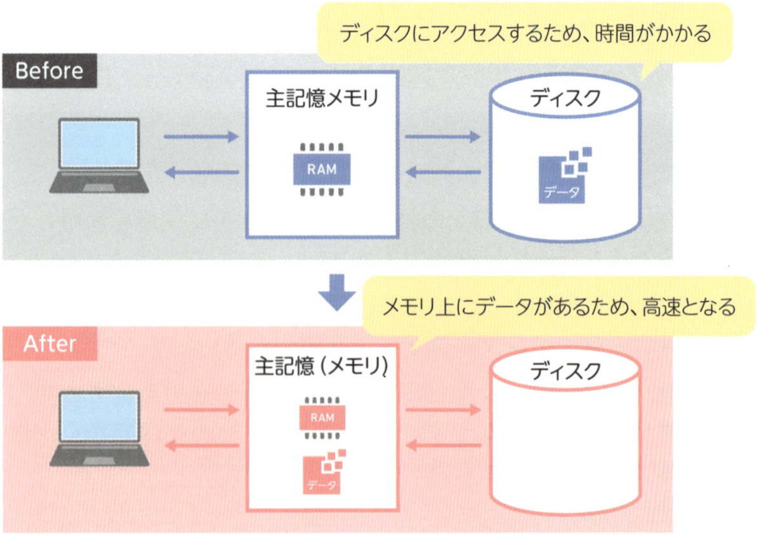

「HANA」データベースは、複雑なクエリ処理や大規模なデータ処理に特に適しており、リアルタイムでビジネスインサイト（洞察）を提供する能力があります。これにより、ビジネスはすばやく効率的な意思決定を行うことができます。

アプリケーション層

次に、HANAデータベースの上には「アプリケーション層」があります。「S/4HANA」のアプリケーション層には、企業の業務を効率的に運営するための中核となるソフトウェア部分です。この層には、会計管理や販売管理など、企業運営に必要なさまざまな機能が含まれています。

最大の特徴は、その柔軟性と拡張性にあります。企業は自社のニーズに合わせて必要な機能を選択し、カスタマイズすることができます。これにより、各企業が独自のビジネスモデルや業務フローに適したシステムを構築できるのです。

さらに、**「S/4HANA」には各業界のベストプラクティスとプロセスモデルが事前に組み込まれています**。これは、企業が業界標準のプロセスを迅速に導入し、効率的に業務を改善できることを意味します。たとえば、小売業向けの在庫管理ベストプラクティスを活用することで、需要予測の精度向上や在庫回転率の改善といった具体的な成果を得ることができます。

このアプリケーション層は、急速に変化するビジネス環境にも迅速に対応できるよう設計されています。新しい法規制への対応や市場トレンドの変化に伴うプロセス修正が必要な場合でも、システムをすばやく更新することができます。そのため、「S/4HANA」は固定的なシステムではなく、企業の成長や市場の変化に合わせて柔軟に対応できるシステムといえます。

また、高い拡張性も特筆すべき点です。企業は必要に応じて新機能を追加したり、他社のアプリケーションやサービスを容易に組み込んだりすることができます。さらに、**「S/4HANA」は「ビジネスプロセスの連携」を重視して設計**されています。この特徴により、社内の異なる部門や機能間でデータの一貫性が保たれ、統一された情報管理が可能になります具体的には、受注から出荷、請求、入金までの一連のプロセスがシームレスにつながり、データの重複や不整合を防ぐことができるのです。

■「S/4HANA」のアーキテクチャ構造

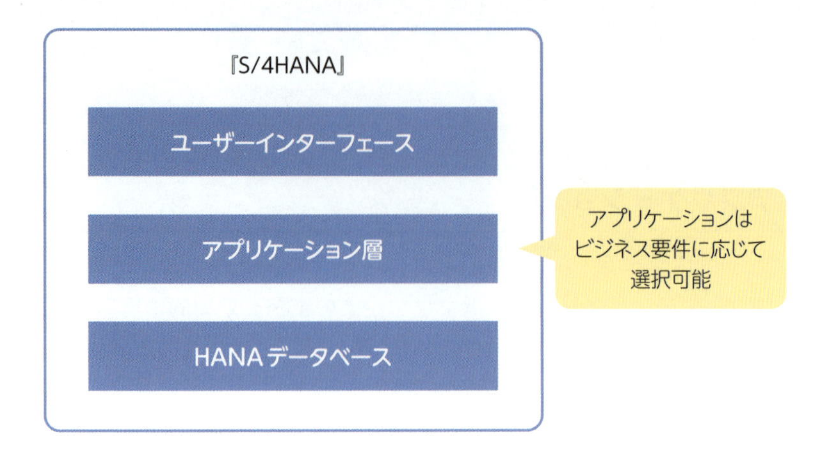

ユーザーインターフェース

そして、アーキテクチャの最上部には「ユーザーインターフェース」があります。「S/4HANA」のユーザーインターフェースの主要な部分は「Fiori」です。**「Fiori」はモダンで使いやすいUIを提供し、エンドユーザーが日常業務を簡単に実行できるように設計**されています。

「Fiori」はレスポンシブデザインを採用しており、さまざまなデバイス、たとえばスマートフォン、タブレット、デスクトップPCなどで同じユーザー体験を提供します。これにより、従業員はオフィス内外を問わず、どのデバイスからでもアクセスし、仕事を進めることができます。「Fiori」のデザインは、直感的で理解しやすいため、ユーザートレーニングの時間を削減し、業務の効率化を促進します。

また、「Fiori」はユーザーが重要な情報に簡単にアクセスできるようにするダッシュボード、レポート、分析ツールを提供しています。ユーザーが「S/4HANA」にログインした際に最初に表示される画面を重要な情報でダッシューボード化することができます。これらのツールは、ユーザーがリアルタイムにデータに基づいて意思決定を行うのを支援し、ビジネスプロセスをより透明にし、全社的なビジネスインサイト（洞察）を深めることに貢献します。ユーザーインターフェースは、「S/4HANA」の使い勝手とユーザー満足度を大きく左右するため、SAP社はこの部分に多大な投資を行い、継続的に改良を加えています。

■ Fioriのダッシュボード画面

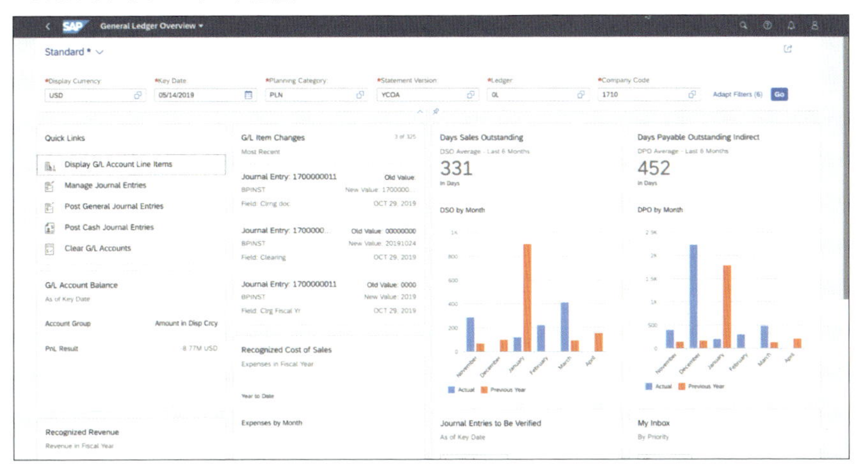

［出典：SAP社　公開動画　画面の転載］

まとめ

- 「S/4HANA」のアーキテクチャはHANAデータベース、アプリケーション層、ユーザーインターフェースの3つで構成されています。
- HANAデータベースはメモリにデータを保持し、アクセス時間を大幅に短縮します。列指向と行指向のストレージを組み合わせることで、トランザクション処理と分析の両方で高速な処理が可能です。
- 「S/4HANA」のUI「Fiori」は、モダンで使いやすく、さまざまなデバイスで同じ体験を提供し、リアルタイムのデータ分析と意思決定を支援します。

09 圧倒的な高速性を持つ HANA データベース

HANAデータベースはその高速なインメモリ計算、リアルタイム処理、高度なデータ処理機能、そして拡張性と柔軟性により、次世代ERPの要求に応える設計となっています。

「HANA」データベースのインメモリ技術

「HANA」データベースの最も顕著な特徴は、インメモリコンピューティング技術を用いることで、従来のデータベースシステムに比べて圧倒的な高速性を実現している点にあります。この技術は、データを物理的なディスクではなくサーバーの主記憶装置（RAM）に直接保持することで、読み出しや書き込みにかかる時間を劇的に短縮し、リアルタイムのデータ処理と分析が可能になります。これにより、データアクセスの速度が大幅に向上し、複雑な分析やトランザクション処理がリアルタイムで可能になるのです。RAMはディスクベースのストレージよりもはるかに高速であるため、「HANA」は分析とトランザクションの両方で顕著なパフォーマンス向上を実現します。これを活用することで、企業は瞬時にデータ処理する能力を手に入れ、より迅速な意思決定を行うことができます。

「HANA」データベースのリアルタイム処理

「HANA」は、インメモリデータベースとして、**データを列（カラム）指向で処理する「カラム型データベース」という特性**を持っています。列指向のデータ管理アプローチを利用することで、データの読み込みが必要な部分だけをすばやく取得できるように設計されています。これにより大規模なトランザクションデータベースでのクエリ処理時間を大幅に削減することができます。たとえば、財務クロージングの手続きやMRPの計算を、数週間や数日かかるのではなく、数分で完了させることができるようになりました。

一般的にデータベースのフォーマットは、ロー型とカラム型に分類されます。ロー型はオンライントランザクション処理（OLTP）の高速化に適しています。一方、カラム型はオンライン分析処理（OLAP）の高速化に適しています。従来は、行指向と列指向の機能を1つのデータベースで対応することができなかったため、それぞれ目的に合ったデータベースを利用していました。一方、**「HANA」は行指向と列指向の機能を1つのデータベース上で実行できるハイブリッド型の仕組みを実現**しました。さらに、同時に行われるオンライントランザクション処理（OLTP）とオンライン分析処理（OLAP）の区別をなくすことで、OLTPとOLAPを1つのデータベース上で同時に高速実行できるようになりました。

■「HANA」のデータベース構造

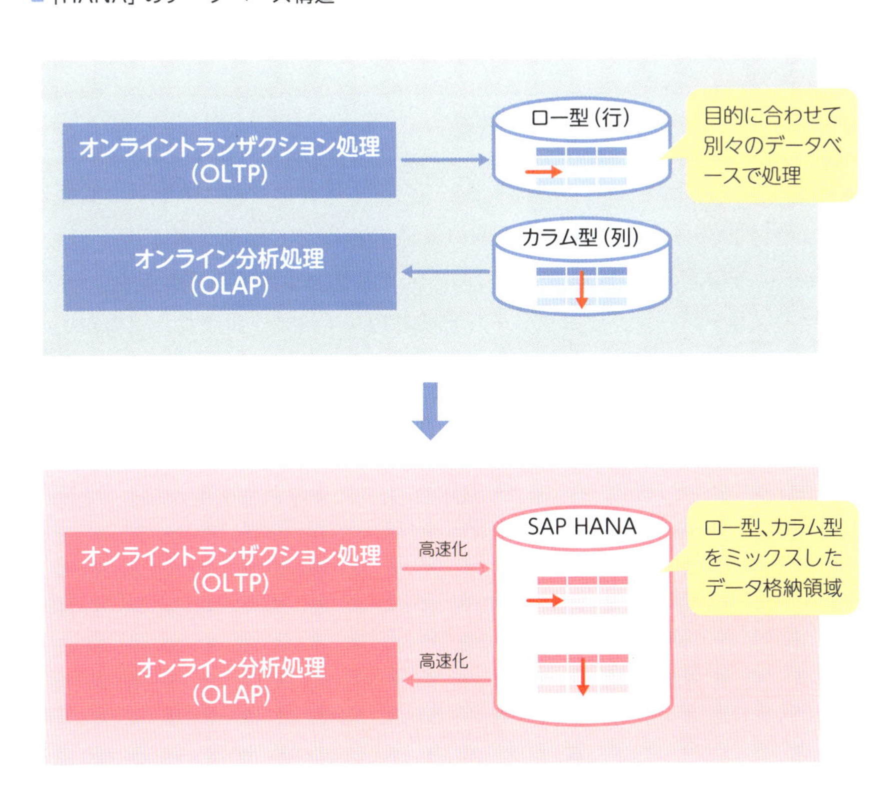

「HANA」の高度なデータ処理機能

「HANA」は、高度なデータ処理機能を備えており、複数のデータソースからの情報を統合し、複雑なビジネスロジックと計算を行うことができます。列指向のデータストレージ方式を採用することで、大量のデータセットにわたるアグリゲーション[1]、フィルタリング、ソートといった操作を高速に実行します。また、データの圧縮により、物理的なストレージの消費を減らしつつ、データの取り扱い効率を高めています。さらに、「HANA」に組み込まれた高度なアナリティクスエンジンが提供されており、機械学習アルゴリズムや予測分析をデータベースレベルで直接実行できるため、ユーザーは複雑なデータセットを簡単に操作し、リアルタイムのビジネスインサイト（洞察）を得ることができます。

「HANA」の拡張性と柔軟性

「HANA」は拡張性が高く、成長するビジネスの要件に合わせて簡単に拡張できるように設計されています。企業の成長に合わせてデータ量が増えても、「HANA」はその需要に合わせて、2つの方法でスケールアップできます。まず、より強力なサーバーにアップグレードすることができます。また、追加のサーバーを導入することもできます。これは、データベースに追加のハードウェアリソースを統合することで、必要に応じてリソースを迅速に増やし、システムのパフォーマンスを維持できる能力を意味します。

また、クラウド、オンプレミス、ハイブリッド環境での運用が可能であり、各企業のビジネス要件やIT戦略に合わせて、最適な展開モデルを選択できます。クラウドベースの展開では、リソースをオンデマンドで追加することで、ビジネスの変動やビジネス成長に合わせた運用が実現します。オンプレミスでの利用では、企業は既存のITインフラストラクチャとの統合を通じて、高度にカスタマイズされた運用環境を構築できます。

---

[1] アグリゲーションは、複数の個別データポイントを結合し、集計するプロセスを指します。これにより、大量のデータを要約し、パターンや傾向を把握するためのビジネスインサイト（洞察）を得ることができます。

これらの特徴により、「HANA」は企業の現在および将来のあらゆるデータニーズに対応するための強力な基盤を提供します。データベースの管理と運用が簡素化され、これにより企業は運用コストを削減し、ITリソースを最適化することができます。

■ SAP HANAのデプロイメント（利用環境）オプション

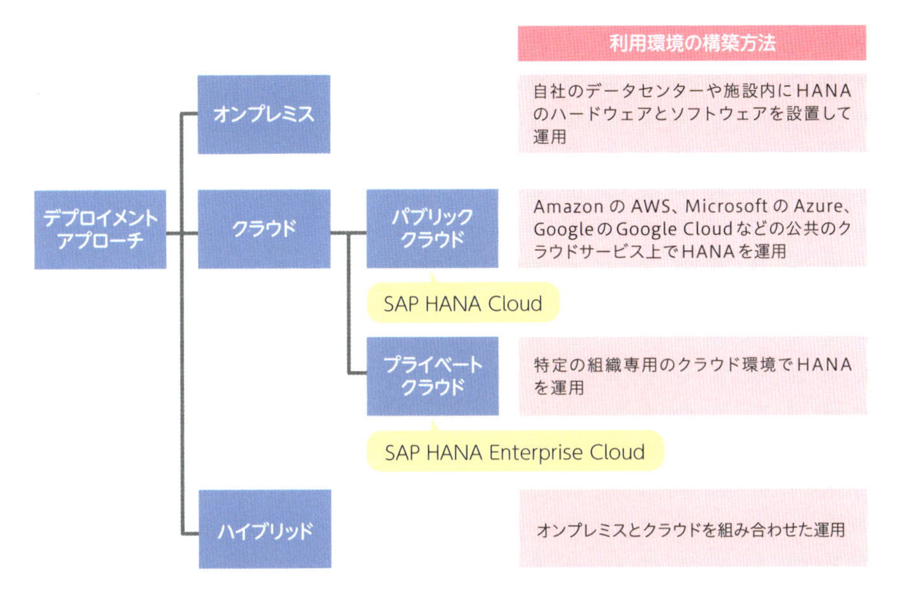

まとめ

- 「HANA」は、行指向と列指向を統合し、OLTPとOLAPを同時に高速処理できるハイブリッド型データベースです。
- 「HANA」は複数のデータソースを統合し、列指向ストレージで大量データを効率的に処理し、機械学習や予測分析をリアルタイムで実行する高度なデータベースです。
- 「HANA」は、成長するビジネスに対応するために簡単に拡張でき、クラウド、オンプレミス、ハイブリッド環境で運用可能です。

10 新しい直感的なユーザーインターフェース「SAP Fiori」

「Fiori」は、2013年にSAP社が発表した新しいビジネスアプリケーションシステムです。「Fiori」は、使いやすさと直感性を重視して設計されています。

直感的な操作・使いやすさが魅力

「Fiori」は、「S/4HANA」の新しいユーザーインターフェースであり、**ユーザー視点で画面が設計されているため、「直感的な操作」が特徴**です。「Fiori」は、従来のERPシステムと比べて、使いやすく直感的なデザインが特徴です。ユーザーはシンプルなタッチ操作やクリックで、迅速に必要なタスクを実行できます。これは、スマートフォンのアプリケーションが使いやすいデザインであるように、「Fiori」も同様に、見た目がシンプルで、どこをタッチして何ができるかがすぐにわかるように工夫されています。

また、「Fiori」では、タスクや通知、アプリケーションがタイル形式で表示され、各タイルは最新のデータに基づき現在のビジネス状況を反映することができます。これにより、ユーザーは自分の役割に最も関連性の高い情報に一目でアクセスでき、必要に応じてより詳細なデータを照会することができます。

■ SAP Fiori画面イメージ

［出典：SAPホームページより画像転用］

デバイスを選ばないマルチデバイス対応

「Fiori」のデザインは、**「レスポンシブデザイン」という技術が採用**されており、PC、タブレット、スマートフォンなど異なるデバイスであっても同じ操作感を提供します。これにより、ユーザーはオフィス内外や、または移動中とであっても、いつでもどこでも同じ操作によって業務を続けることができます。「Fiori」はHTMLとCSSの標準を使用して開発されており、これにより、異なるデバイス間での互換性と再利用性を保証しています。

また、マルチデバイス対応を実現することで、デバイスの画面サイズやオペレーティングシステムに関わらず、スマートフォン向けの画面やタブレット向けの画面の開発といったデバイスごとの対応が不要となり、システム開発コストの削減にもつながります。

この「Fiori」の柔軟性は、ユーザーが自分の好きなデバイスを使用して作業を行うことを可能にし、「BYOD（Bring Your Own Device）[1]」を採用する企業にとって特に有益となります。

パーソナライズ可能なユーザー体験

「Fiori」は**カスタマイズが容易で、企業や個々のユーザーのニーズに合わせてパーソナライズ[2]が可能**です。ユーザーは「Fiori」のタイルを自分の業務に合わせて追加、削除、再配置することで、各ユーザーの役割に応じて表示する情報や機能をカスタマイズでき、自分だけのワークスペースを作成することができます。たとえば、営業担当者と経理担当者では業務上必要となる情報も異なりますが、「Fiori」では、それぞれの役割や責任に基づいて画面の初期表示を変更することができ、ユーザーは自分に最も関連する情報と機能に簡単にアクセスすることができます。

---

[1] 「BYOD」は、従業員が自身の個人的なデバイス（主にスマートフォン、タブレット、ノートパソコンなど）を仕事場に持ち込んで、それを仕事に使用することを許可または奨励する企業のポリシーまたは実践を指します。

[2] 「パーソナライズ」は、個人や特定のユーザーに合わせて調整やカスタマイズを行うことを意味します。ユーザーが製品やサービスをより使いやすく、便利に感じるように、個人的な要求や好みに合わせて調整することができます。

アプリの種類が豊富

「Fiori」には、トランザクション、ファクトシート、アナリティクス、スマートビジネスといった4種類のアプリがあります。これらは「タイル」と呼ばれ、よく利用する機能や知りたい情報を「タイル」として配置することで、業務の効率化や分析、評価に役立ちます。アプリは、「Fiori apps Library」から自由に選択することができ、追加開発をせずとも機能拡張が行えるようになります。

トランザクションアプリ

トランザクションアプリは、ユーザーが日常的なビジネスプロセスとワークフローを完了するために使用するアプリです。これらのアプリは、具体的な業務操作を行うために設計されており、ユーザーはこれらのアプリを通じてSAPシステム内のトランザクションを直接実行することができます。たとえば、「Fiori」上で購買注文アプリを使用すると、移動中でも注文の詳細確認や承認が可能となります。

ファクトシートアプリ

ファクトシートアプリは、SAPシステム内のテーブルやデータに関する情報を検索し、表示するために使用されます。これらのアプリは、企業の従業員が必要な情報に迅速にアクセスし、その情報を基に意思決定を行うことを支援します。たとえば、顧客、従業員、ビジネスパートナー、または製品に関するファクトシートを利用して、関連するすべてのデータを一目で見ることができます。検索機能には、自然言語処理の技術が使用されており、ユーザーが質問形式で情報を入力することができます。

アナリティクスアプリ

アナリティクスアプリは、リアルタイムでのデータ分析とレポーティング機能を提供します。これらのアプリは、ビジネスデータをわかりやすくグラフなどを用いて視覚化し、パフォーマンス指標（KPI）の推移を確認するのに役立ちます。アナリティクスアプリを使用することで、企業はビジネスプロセスを効率的に改善し、問題を迅速に発見して対処できます。

スマートビジネスアプリ

スマートビジネスアプリは、特定の業務に対する洞察とアクションを提供するアプリで、業務の最適化と意思決定支援を目的としています。これらのアプリは、KPIのモニタリングと例外状況のアラート機能を備え、ユーザーがビジネスのパフォーマンスを監視し、重要な業務に優先的に取り組めます。また、リアルタイムのデータ分析を基に、在庫管理やキャンペーンのパフォーマンス最適化などが可能です。

これらのアプリは、SAPのERPシステムをよりアクセスしやすく、利用しやすいものに変えることを目的としています。それぞれが特定のユーザーのニーズに合わせて設計されており、業務の生産性と効率性を向上させるために有効なツールとなっています。

■ SAP Fioriアプリのタイプ

［出典：SAP社公開資料より画像転用］

まとめ

- 「Fiori」は、使いやすく直感的なデザインが特徴です。タイル形式でタスクや通知を表示し、ユーザーは簡単に必要な情報にアクセスできます。
- 「Fiori」は、マルチデバイス対応しているため、デバイスや場所を選ばず一貫した操作感で業務可能。

11 SAP Business Technology Platform

「SAP Business Technology Platform」は、HANAを使ったクラウド開発環境のことを指し、統合データとアプリケーションを管理する多機能なプラットフォームです。

「SAP Business Technology Platform」とは

「SAP Business Technology Platform（以下、BTPと記載）」は、データとアプリケーションの管理を革新的に行うための統合型開発プラットフォームです。このプラットフォームは、**「HANA」のインメモリ技術を利用して、高速なデータ処理とアプリケーションの開発を可能にします**。「BTP」は、データベース管理、データウェアハウジング、アプリケーション開発、統合、および高度な分析機能を提供する一連のサービスを組み合わせたものです。

■ BTPの全体像

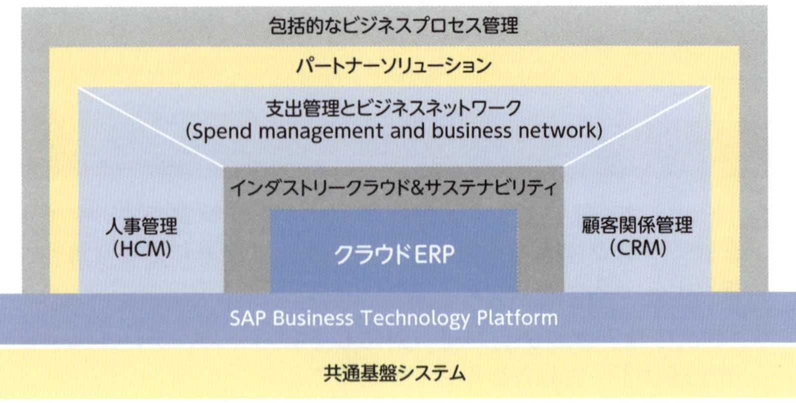

［出典：SAP社公開資料を筆者にて改変］

「BTP」の強みは、その拡張性と柔軟性にあり、企業は特有のビジネス要件に応じてカスタマイズされたソリューションを自社で構築できることです。また、既存のSAPソリューションやサードパーティのアプリケーションとも簡単に統合することができるので、ビジネスプロセスの最適化と効率化を促進します。そのため、デジタル変革のためのビジネス共通基盤システムとして位置づけられています。

「BTP」のメリット

「BTP」利用による主なメリットは、ビジネスプロセスの効率化、迅速なイノベーション、データ駆動型の意思決定の支援およびテクノロジーの統合にあります。

ビジネスプロセスの効率化

「BTP」は複数のSAPソリューションやサービスを1つの統合プラットフォームで提供することにより、システム間の複雑さを削減し、エンドツーエンドのビジネスプロセスを簡素化することができます。これにより、企業は**ビジネス運営に必要なすべてのツールを1つのプラットフォームで管理**することができます。

迅速なイノベーション

「BTP」は革新的なテクノロジーへのアクセスを提供します。これには、高速データベースと分析ツールの「HANA」、ロボティックプロセスオートメーション、機械学習、人工知能およびブロックチェーンなどが含まれます。これらのテクノロジーを使用することで、企業は新しいアプリケーションをすばやく開発し、市場への導入時間を短縮し、イノベーションを推進することができます。

データ駆動型の意思決定の支援

また、「BTP」は**データ駆動型のビジネスインサイト(洞察)と分析を高速で実施**することができます。リアルタイム分析と予測分析の能力により、企業はビジネスデータからより迅速に価値を抽出し、精度の高い意思決定を行うことが可能になります。これは、市場の変動に迅速に対応し、競争上の優位性を保つために不可欠です。

テクノロジーの統合

「BTP」はオンプレミスとクラウドのハイブリッドアプローチを採用しており、企業が既存のITインフラストラクチャをクラウドサービスにスムーズに拡張することを可能にします。これにより、企業はクラウドの拡張性と柔軟性を活用しつつ、必要に応じてオンプレミスのコントロールとセキュリティを保持することができます。

また、「BTP」は、SAPシステム内外のアプリケーションやデータソースを統合するための包括的なAPI管理と統合フレームワークを提供します。これにより、異なるシステム間でのインターフェースを容易に管理してプロセスを自動化することができます。

「Side by Side開発」へ移行

「S/4HANA」における機能の追加開発については、「**Side by Side**」という開発コンセプトが提唱されています。「Side by Side」は、**従来のようにERP上に直接開発するのではなく、クラウド開発プラットフォーム上で追加開発を行い、それをクラウドERPとシームレスにつなぐ**という考え方です。具体的には「BTP」上で開発したアプリケーションをAPIで操作し実行するというAPI疎結合による連携を前提としたアーキテクチャです。

この方法には多くの利点があります。まず、開発の柔軟性が大幅に向上します。ERPの中核部分に影響を与えずに新機能を追加できるため、企業固有のニーズに応じた開発が容易になります。また、システムの安定性も高まります。ERPの基本機能と追加機能が分離されているため、互いに悪影響を及ぼすリスクが減少します。さらに、開発とメンテナンスが容易になります。クラウド環境で開発するため、最新のツールや技術を活用しやすくなり、継続的な改善や更新が行いやすくなるのです。

■ Side by Side開発のイメージ

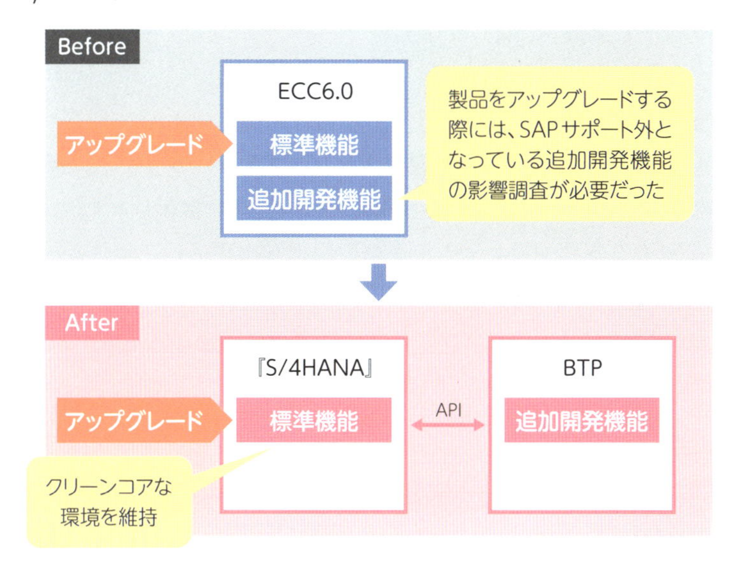

クラウドERP上での追加機能開発を極力回避することで、**「S/4HANA」上のアプリケーション環境をクリーンに保つ**ことで、製品アップグレードや機能追加をスムーズに行うことができ、結果として変化に柔軟に対応できるようになります。このような配置にすることで、従来のようなアップグレード時に発生していた追加開発に対する影響調査が不要となります。

結果として、「S/4HANA」のアップグレードするサイクルが高速化され、より最先端で新しい機能をユーザーは享受することができるようになります。この考え方は、「**Clean Core（クリーンコア）**」というコンセプトとして提唱されています。

Business Technology Platformの機能

「BTP」には、**「アプリケーション開発」、「インテグレーション（統合）」、「データおよび分析（データ管理＆アナリティクス）」、「人工知能（インテリジェントテクノロジー）」**の4つの機能があります。これらの機能は、企業がDXを推進する上で欠かせないツールとなりえます。データとアプリケーションの統合管理を通じて、企業は新たな価値を創出し、競争力を高めることができます。その柔軟なアーキテクチャは、企業が現在および将来のビジネスニーズに対応するための強力な基盤を提供します。

アプリケーション開発

アプリケーション開発は、企業がカスタムアプリケーションを迅速に構築し、既存のシステムに統合するためのツールとサービスを提供します。この機能は、プログラミング言語やフレームワークの選択肢を提供し、開発者がSAPおよび非SAP環境の両方で動作するアプリケーションを作成できるようにします。「BTP」上の開発ソリューションとしてプロコード開発とノーコード/ローコード開発の開発基盤が用意されています。

■ BTPの主な開発環境

開発環境	内容
SAP Build ローコード	RPAやワークフロー機能を有するローコード/ノーコード開発環境。アプリケーションの開発、プロセスの自動化、ビジネスサイトの構築もドラッグ&ドロップで簡単に行えます
SAP Build Code	JavaおよびJavaScriptアプリケーション開発向けに最適化された開発環境。Jouleコパイロットを活用した生成AIベースのコード開発ができます
ABAP環境	ABAP開発向けに最適化された開発環境。従来のABAP開発による機能拡張を行えるクラウドアプリケーション開発環境

[出典：SAPジャパン公式サイトより引用]

また、DevOps(デブオプス)[1]の活用により、開発効率の向上を目指しています。DevOpsの活用と実践により開発チームと運用チーム間の連携を強化し、ソフトウェアの品質向上、リリースの迅速化、問題の早期発見と修正などを実現します。

インテグレーション(統合)

API管理、コネクター、データのオーケストレーション[2]、プロセスオートメー

[1] DevOps(デブオプス)は、ソフトウェア開発とIT運用(Operations)のプロセスを統合し、効率的なソフトウェアデリバリーと運用を実現するための文化、プラクティス、ツールの組み合わせを指します。

[2] データのオーケストレーション(Data Orchestration)は、データの流れや処理を統制し、調整するプロセスやテクノロジーのことを指します。

ションなどの統合ツールを提供し、オンプレミスとクラウドといった異なるバックエンドシステムとの連携を実現します。たとえば、業務プロセスを連携したいのであれば、「Cloud Integration」を利用して、社内のアプリケーション間の連携や社外の企業とのデータ連携などをシームレスすることができます。

■ インテグレーションサービスの一覧

Cloud Integration	API Management	Integration Advisor	Open Connectors
リアルタイムにすべて(A2A・B2B)をシームレスに連携	データとプロセスをAPIとして公開し、APIのエンドツーエンドのライフサイクルを管理	機械学習を使用してB2Bシナリオの実装と保守を迅速化	サードパーティアプリケーションとの接続を加速

Data Intelligence	API Business Hub	Connectivity	Event Mesh
データ駆動型のイノベーションを提供し、エンタープライズAIとインテリジェントな情報管理を統合	API、定義済みの連携コンテンツおよびアダプラによる連携プロジェクト開始	オンプレミスで実行されるリモートサービスに安全にアクセス	通信を分離し、メッセージとイベント送信

データおよび分析(データ&アナリティクス)

「BTP」のデータ管理機能は、データの取得、保存、処理、およびアクセスを最適化するために設計されています。これは、インメモリ計算に基づく「HANA」データベースと統合されており、複雑なデータを高速で分析して処理することができます。データ管理には、リアルタイムでのトランザクション処理、高度な分析、アプリケーションの開発、データウェアハウジング、データインテグレーション、品質管理、そしてガバナンスが含まれます。

データ管理のソリューションとして「SAP Datasphere」があります。「SAP Datasphere」は、ビジネスデータ管理と分析を統合したクラウドベースのプラットフォームです。「S/4HANA」のデータだけでなく、異なるデータソースからのデータを一元化し、リアルタイムで分析することができます。非SAP環境からも連携できることが大きな特徴です。これらの機能により、企業はデータを戦略的資産として最大限活用し、意思決定を迅速かつ情報に基づいて行うことができます。

アナリティクス機能は、「BTP」の中核コンポーネントであり、企業がデータを分析してビジネスインサイト（洞察）を得ることをサポートします。データ分析のソリューションとして「SAP Analytics Cloud（SAC）」があります。リアルタイムのビジネスインテリジェンス（BI）と高度な分析を提供し、ユーザーがインタラクティブなダッシュボード、レポート、データの視覚化を作成し、データを探索することができます。これには、予測分析、ビジネスプロセスの分析、テキスト分析、およびビッグデータ分析が含まれ、ビジネスのパフォーマンスを測定し、リスクを特定し、将来のトレンドを予測するのを支援します。

■「BTP」上でのデータ利活用（データ管理とデータ分析）

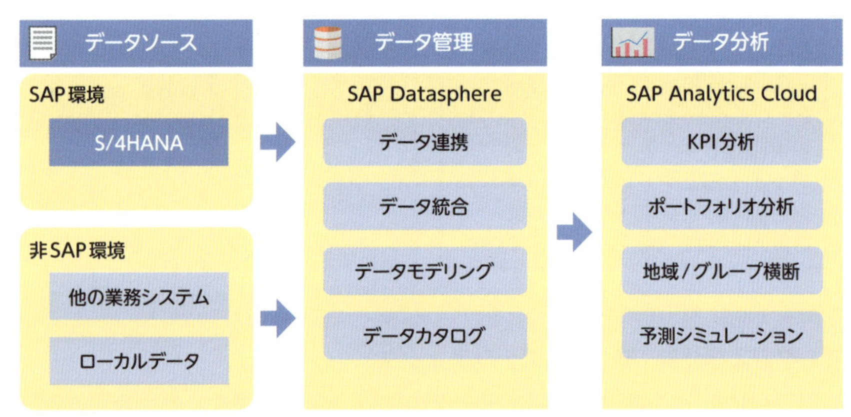

人工知能（インテリジェントテクノロジー）

インテリジェントテクノロジーは、人工知能（AI）、機械学習、ロボティックプロセスオートメーション（RPA）、ブロックチェーンなどの最先端テクノロジーを活用することで、自動化とイノベーションを推進します。これらのテクノロジーは、日々の業務を自動化し、よりスマートな意思決定をサポートして、新しいビジネスモデルの開発や既存ビジネスのトランスフォーメーションを促進します。AIによるチャットボット、機械学習によるパターン認識、RPAによる繰り返し作業の自動化など、インテリジェントテクノロジーは、ビジネスプロセスの効率化とイノベーションの加速に貢献します。

■ SAPのBTPが提供する機能

Business Technology Platform			
アプリケーション開発	インテグレーション	データおよび分析	人工知能
プロセスの自動化	プロセスのインテグレーション	データベース	事前構築済みAIモデル
デジタルエクスペリエンス	API主導のインテグレーション	データ管理	インテリジェントプロセス
ローコード/ノーコードプログラミング	イベントベースのインテグレーション	データウェアハウス	自己学習プログラム
DevOps	データインテグレーション	分析と結果	データセキュリティおよび分散パーシスタンス

［出典：SAP社公開資料を筆者にて改変］

まとめ

- **「BTP」はHANAを用いたクラウド開発環境で、高速なデータ処理、アプリ開発、統合、分析機能を提供し、企業の特有の要件に合わせてカスタマイズ可能です。**
- **「BTP」はビジネスプロセスの効率化、迅速なイノベーション、データ駆動型の意思決定、テクノロジーの統合を支援し、リアルタイム分析や機械学習技術でイノベーションを推進します。**
- **「BTP」は「アプリケーション開発」「インテグレーション」「データおよび分析」「人工知能」の4機能で企業のDX推進を支援し、柔軟なアーキテクチャで新たな価値を創出し競争力を高めます。**

12 会社間ビジネスプロセスをデジタル化する「SAP Business Network」

「SAP Business Network」は、企業間取引をデジタル化するプラットフォームです。です。このネットワークは、調達から販売、請求までの会社間でのやり取りをデジタル化し、最適なサプライチェーンを構築するのに役立ちます。

「SAP Business Network」の概要

「SAP Business Network」は、**世界最大の企業間取引プラットフォーム**です。このネットワークは、2012年にSAP社が買収したAriba社の「Ariba Network」を基盤としており、190カ国以上の410万社以上が参加しています。

このプラットフォームは、企業間のコミュニケーションと取引を簡素化し、効率化するためのクラウドベースのシステムです。企業は簡単に取引先やサプライヤーとつながり、必要な商品の調達や新しい取引相手の発見、問題解決のためのアイデア共有などが可能になります。

「SAP Business Network」を利用することで、企業間の取引プロセスがデジタル化され、注文管理から支払処理、在庫管理に至るまで、紙ベースの書類やり取りや手作業でのデータ入力を削減し、時間と手間を大幅に省くことができます。

■ SAP Business Networkの全体イメージ

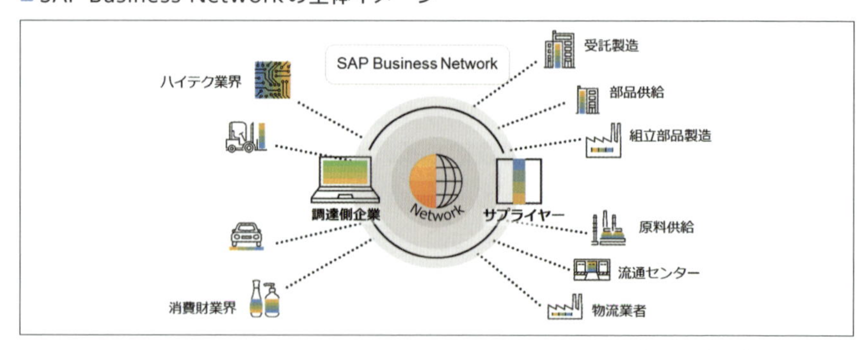

［出典：SAPジャパン公式ブログより画像転用］

「SAP Business Network」のメリット

「SAP Business Network」を使用することで、企業は手間とコストを削減しつつ、「S/4HANA」と連携してビジネスプロセスを迅速化します。

ペーパーレス化による効率向上とコスト削減

従来の企業間取引で必要だった紙の書類やメールのやり取りが、すべてデジタル化され、発注書、請求書、納品書などがオンラインで処理されます。これにより、書類の作成や郵送の時間とコストが削減され、紛失や入力ミスのリスクも軽減されます。

リアルタイム情報共有によるビジネススピードの向上

「SAP Business Network」は「S/4HANA」と緊密に連携し、企業内部とサプライチェーン全体の情報を一元的に管理します。在庫状況や取引先情報がリアルタイムで更新されるため、迅速かつ正確な意思決定が可能になります。これにより、ビジネスの効率性と競争力が大幅に向上します。

統合コミュニケーション機能による取引先との連携強化

統合されたチャット機能や掲示板機能により、取引に関する質問や相談が効率的に行えます。これにより、メールや電話でのやり取りが減少し、コミュニケーションが円滑になります。

「SAP Business Network」の機能

「SAP Business Network」は、注文と請求プロセスの自動化、リアルタイムでの支払ステータスの把握、サプライヤーとの契約管理、リスク管理などの複数の機能を有しています。以下で主要な機能を紹介します。

受発注機能

サプライヤー企業は、オンライン上で注文書を受領し、注文請書を発行が可能です。出荷通知を発行し、納品に必要なバーコード納品書を発行することも

でき、一方、バイヤーはバーコードで入庫処理ができ、請求書もデータ連携できます。

MRP実行によるフォーキャスト情報連携機能

バイヤー企業が、MRP計算を実行し、フォーキャスト情報（将来の需要予測）をサプライヤー企業に送信することで、将来の発注計画に対する供給可能性やサプライヤーの中長期的な生産能力を確認できます。

品質情報連携機能

入庫した製品や原材料に品質の不具合が発生した場合、バイヤー企業は不具合情報をサプライヤー企業に連携することができます。サプライヤー企業は、不具合の原因を特定し、対応状況をバイヤー企業に通知することができます。

■「SAP Business Network」のビジネスポータル画面

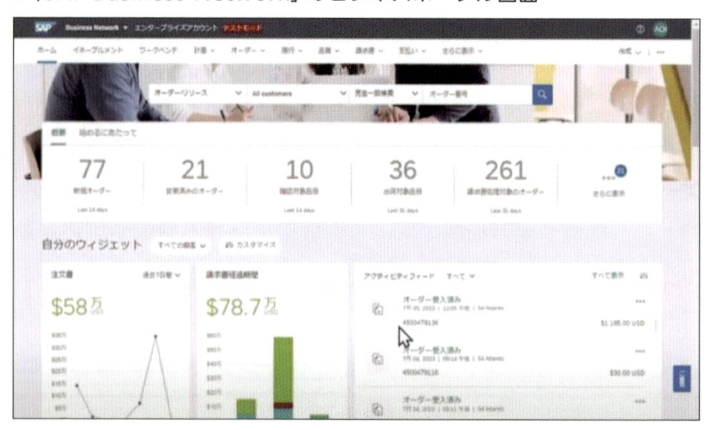

［SAP社　公開資料よる転載］

「SAP Business Network」の利用方法

「SAP Business Network」の利用開始は、企業の参加登録から始まります。登録後、取引先やパートナー企業を招待してネットワークを拡大できます。アカウントは、無料の「スタンダードアカウント」と有料の「エンタープライズアカウント」の2種類があります。

■ SAP Business Networkのアカウント種類比較

	スタンダードアカウント	エンタープライズアカウント
内容説明	主に小規模な取引や、サービスを試してみたい企業に適している	スタンダードアカウントより多くの機能と高度なサポートを提供し、大規模取引や複雑な業務プロセスを扱う企業に適している
料金	無料	有料
オーダーおよび請求書	電子メールで受信したオーダーへの対応や請求書の状況確認	SAP Business Network上ですべてのオーダーや請求書を管理
カタログ	提供している製品およびサービスのカタログ公開	提供している製品およびサービスのカタログ公開
システム統合	-	EDIによるデータ連携が可能
法定アーカイブ	-	請求書などの法定書類のアーカイブ可能
レポート	-	取引や販売活動を追跡するためのレポート作成が可能
サポート	ヘルプセンター	ヘルプセンター、電話、チャット、Webフォーム

次に、「SAP Business Network」に自社システムを接続し、データを同期させます。これにより、取引関連データがリアルタイムでやり取りされ、プロセス全体がデジタル化されます。

まとめ

- **「SAP Business Network」は、企業間のビジネスプロセスをデジタル化し、調達から販売、請求までを効率化するクラウドベースのプラットフォームで、サプライチェーンの最適化を図ります。**
- **「SAP Business Network」は、企業間取引を自動化し、効率化します。リアルタイムの情報共有と取引の可視化により、サプライチェーンの最適化、リスク管理、将来予測を支援します。**

13 SAPシステムの全体像

多くの大企業で採用されているSAP製品は、企業の業務領域を幅広く網羅していることが特徴となります。SAP製品の全体構成について説明します。

SAPの全体構造

さまざまな特徴を持つ「S/4HANA」ですが、ERPとしては、**従来のシステムの基本構造を引き継いだ形で進化**しています。先進的な技術が注目されがちですが、基幹業務を支えているシステムの構造は、第3世代で登場したR/3のときから大きく変わっていません。

SAPをはじめとするERP製品の特徴は、企業の業務領域を幅広く網羅していることです。また**SAPはモジュール単位で導入が可能**なことから、企業は自分たちがシステム化したい業務領域において必要な機能だけを選べるようになっています。SAP製品を導入する単位となるモジュールとは、ソフトウェアの一部分であり、特定の業務領域や業務機能をカバーできる機能群です。1つの大きなパッケージをすべて導入するのではなく、たとえば「財務会計」や「販売管理」、「在庫管理」など、特定の業務に特化したモジュールを選んで、個別に導入することができます。

この方式の**最大の利点は、初期の導入コストを抑えられること**です。すべてのモジュールを導入すると、それはそれで多くの機能が手に入りますが、その分コストもかかります。しかし、必要なモジュールだけを選べば、その分だけコストを抑えることができます。

さらに、企業が成長して新たなニーズが出てきた場合にも、新しいモジュールを追加するだけで対応が可能です。これにより、初期投資を抑えつつも、将来的にスケールアウトできる柔軟性も持っています。

■ SAPのモジュール構成

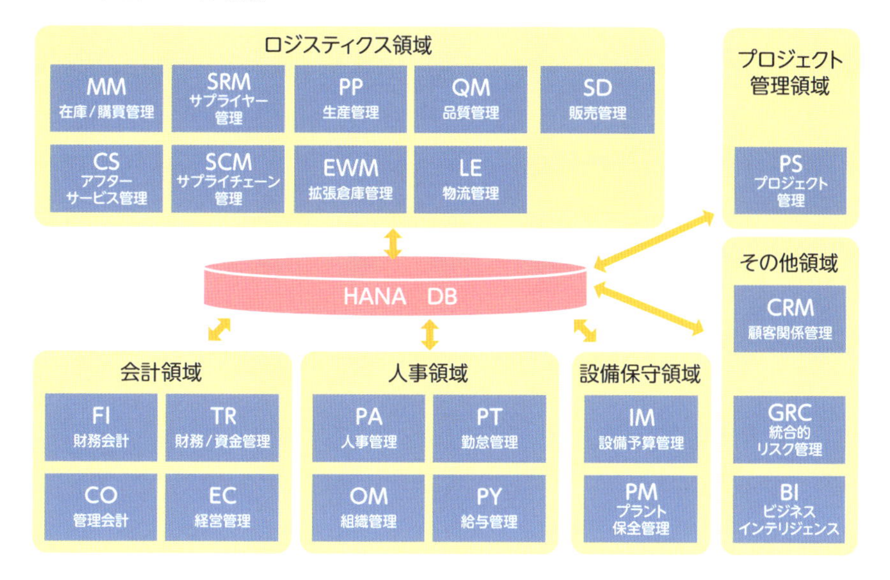

各モジュールの概要

SAPのモジュールは大きく「会計領域、ロジスティクス領域、人事領域、その他」に分かれます。その他の部分には業務領域や業種に特化したソリューションが含まれます。各領域のモジュールは、「MM」などのように、略称で表現することが多いです。

会計領域

会計伝票の入力や総勘定元帳への転記などの一連の会計処理プロセスに対応した領域です。他領域からの自動仕訳で作成された会計データを元に、総勘定元帳にリアルタイムに転記されます。会社全体の業務で発生するお金の流れがすべて集まり、債務・債権・資産などの形で処理されます。

■ 会計領域のモジュール一覧

モジュール名	略称	説明
財務会計	FI (Financial Accounting)	企業の財務会計処理をサポートし、連結決算、損益計算書、貸借対照表などの財務報告を提供します。適切な財務管理と監査対応を実現します
管理会計	CO (Controlling)	原価計算、利益分析、予算管理を統合的に実施します。コスト管理を通じて企業の収益性向上を支援します
財務/資金管理	TR (Treasury)	現金、銀行取引、証券、債務を一元管理します。企業の資金繰りとリスクコントロールを効果的に支援します
経営管理	EC (Enterprise Controlling)	財務会計と連携し、企業全体の管理会計をサポートするモジュールです。利益センタ会計、原価計算、予算管理機能を通じて、収益性とコスト管理を最適化できます

ロジスティクス領域

モノの供給に関する一連の流れをロジスティクスといいますが、ロジスティクス領域にはさまざまなモジュールがあります。

■ ロジスティクス領域のモジュール一覧

モジュール名	略称	説明
在庫・購買管理	MM (Materials Management)	購買、在庫管理、請求処理などの物流関連業務を統合し、原材料調達から最終製品の配送までの一連のプロセスを効率化します
サプライヤー管理	SRM (Supplier Relationship Management)	調達プロセスを効率化し、取引先との関係強化を支援します。リスク管理と共に、調達コスト削減とサプライヤー満足度向上を実現します
生産管理	PP (Production Planning)	製造業向けの生産計画、生産管理機能を提供します。需要予測や生産スケジュール作成、リソース最適化などの生産効率向上を実現します
品質管理	QM (Quality Management)	品質保証プロセスを効率化し、製品の品質向上を支援します。品質管理と検査を一元的に実施できます

モジュール名	略称	説明
販売管理	SD (Sales and Distribution)	受注から出荷、請求まで統合的に管理します。営業活動と販売プロセスを効率化し、顧客満足度向上を実現します
アフターサービス管理	CS (Customer Service)	顧客対応からサービスオーダー管理、請求処理まで一元化します。顧客満足度の向上とサービス業務の効率化を実現します
サプライチェーン管理	SCM (Supply Chain Management)	需要予測から生産計画、在庫管理、輸送まで一貫して最適化します。サプライチェーン全体の効率向上を実現します
拡張倉庫管理	EWM (Extended Warehouse Management)	倉庫管理機能を提供し、在庫管理、受発注処理、輸送管理などの効率化を実現します。倉庫スペースの最適化と在庫管理コスト削減を目指します
物流管理	LE (Logistics Execution)	物流プロセス全体を一元管理します。倉庫、輸送、配送の各機能を統合し、コスト削減と効率化を実現します

プロジェクト管理領域

企業のプロジェクト管理を効率化し、プロジェクトの成功率を高めるモジュールです。コスト管理とリソース最適化を実現できます。建設や研究開発など、幅広い業界で活用されています。

■ プロジェクト管理領域のモジュール一覧

モジュール名	略称	説明
プロジェクト管理	PS (Project System)	プロジェクトの計画から実行、監視までを一元管理できます。プロジェクトの予算、リソース、進捗、リスクを効率的に管理可能です

設備・保守領域

主に電力・ガス・水道などのインフラ業界向けの設備管理ツールです。点検、保守、修理の計画から実施まで一元管理し、効率的な保守活動を支援します。

■ 設備保守領域のモジュール一覧

モジュール名	略称	説明
設備予算管理	IM (Investment Management)	設備投資や研究開発の費用を、完了まで一貫して予実管理します。複数組織にまたがるプロジェクトも、統一的に管理できます
プラント保全管理	PM (Plant Maintenance)	設備保守管理機能を提供し、予防保守、修理、メンテナンス計画などの効率的な設備管理を実現します。ダウンタイム軽減を支援します

人事管理領域

現在も人事管理モジュールは存在していますが、SAPのロードマップにおいて、人事管理領域については、タレントマネジメントシステムである「SAP Success Factors」へ移行することを推奨しています。

■ 人事管理領域のモジュール一覧

モジュール名	略称	説明
人事管理	PA (Personnel Administration)	従業員の基本情報から給与、社会保険、税金まで一元管理できます
組織管理	OM (Organization Management)	人事上の組織を管理できます。人事上の組織はワークフローの組織図としても利用できます
勤怠管理	PT (Personnel Time Management)	日々の勤怠実績の入力や勤怠申請と月次の勤怠集計などを管理できます
給与管理	PY (Payroll)	従業員の月例給与や賞与に関する金額情報を管理できます

顧客関係管理領域

CRMについては、「S/4HANA」の登場により、CRMの領域は、「SAP Customer Experience (SAP CX)」に置き換わりました。「SAP CX」は、マーケティング、セールス、コマース、サービス、カスタマーデータの機能があり、マーケティングからアフターケアまでワンストップで顧客との関係性を管理することができます。

■ 顧客関係管理領域のモジュール一覧

モジュール名	略称	説明
顧客関係管理	CRM (Customer Relationship Management)	顧客管理機能を提供し、顧客情報の一元管理、マーケティング活動、営業管理、サービス管理などを効率化し、顧客ロイヤリティ向上を支援します

統合管理・分析領域

統合的リスク管理は、法令遵守と倫理的経営を支援し、リスク管理を効率化します。内部統制、コンプライアンス監査、リスク評価を一元化し、的確な意思決定をサポートします。分析領域においてはビジネスインテリジェンス機能を提供しておりましたが、こちらも「SAP Analytics Cloud（アナリティクス・クラウド）」に移行することが推奨されています。

■ 統合管理・分析領域のモジュール一覧

モジュール名	略称	説明
統合的リスク管理	GRC (Governance, Risk, and Compliance)	ガバナンス、リスク管理、コンプライアンス機能を提供し、企業のリスク管理体制の強化、法令遵守、内部統制の最適化を支援します
ビジネスインテリジェンス	BI (Business Intelligence)	データ収集から分析、レポート作成まで一貫して支援します。迅速な意思決定とデータ駆動型経営の実現を目指すビジネスインテリジェンスツールです

まとめ

- **「S/4HANA」はモジュール単位で導入可能、必要な機能を選択することで初期コストを抑えつつ、将来的な拡張にも対応できます。**
- **SAPのモジュールは、「会計領域」「ロジスティクス領域」「人事領域」「その他」に分かれ、特定の業務機能をカバーします。**

14 SAPで利用される主要マスタ

実際に行われているビジネスプロセスをシステムに落とし込むために企業の組織構造をモデリングする必要があります。SAPの各モジュールで利用される主要なマスタについて領域ごとに説明していきます。

企業構造を表現した主要マスタ

ERPの特徴の1つとして、**複数の会社を1つのシステム上で管理できること**があります。また、実際に存在する企業や組織の構造を抽象化してシステム上で表現することができます。

SAPシステムがどのような形で企業構造を表現しているかを理解してもらうために主要マスタについて説明します。システムを実装するにあたり、企業の実態に合わせて、いかに管理目的に合った組織構造を実現できるかがとても重要となってきます。

クライアント

SAPの「クライアント」は、ちょっと特別な意味で使われる言葉です。一般的に「クライアント」といえば、お客様や利用者を指すことが多いですが、SAPでは違います。

SAPの「クライアント」は、1つのSAPシステム内で独立した環境を表します。この環境は、データや設定、機能などが原則、独立しています。つまり、1つの環境で何かを変更しても、他の環境には影響がありません。ただし、原則といったのは、例外があり、追加開発したオブジェクトについては、クライアントを超えて他のクライアントに影響することがあります。他のクライアントへ影響するかどうかは、クライアント依存・非依存のオブジェクトとして整理されています。

■ クライアントのイメージ

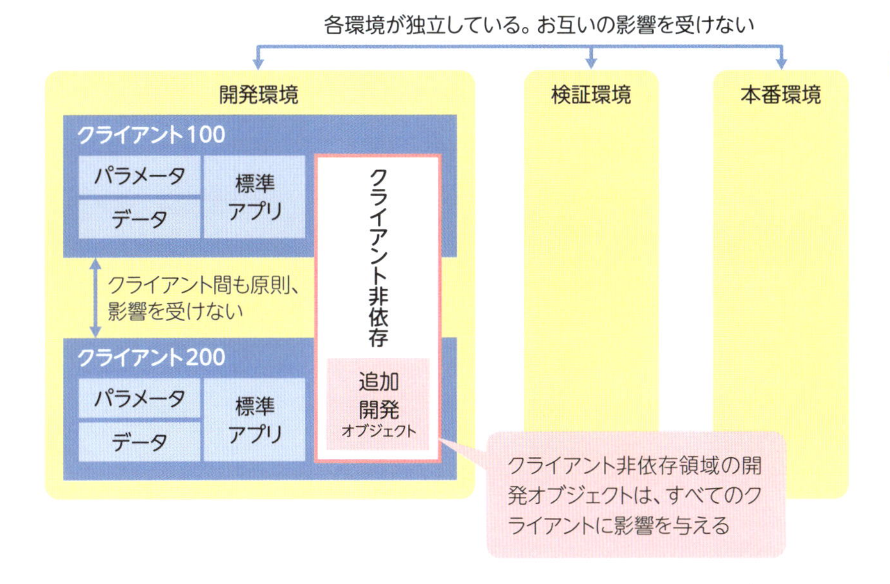

会社コード

「会社コード」は、1つの会社が法的に独立して運営するための会計単位です。会社コード=会社単位といったほうが、わかりやすいかもしれません。1つのシステム内に複数の会社コードを持つことができるため、SAPシステム内では、複数の会社を独立した単位で管理することができます。たとえば、ホールディング会社であれば、ホールディングス全体、グループ会社や関係会社のそれぞれの財務状況が一目でわかります。

また会社コードごとに勘定コードを割り当てることができるため、会社は貸借対照表や損益計算書などの財務報告をきちんと作ることができます。あわせて、会社の配下の組織構造についても、業務領域ごとに組織構造を表現するマスタがあり、会社に割り当てることで、会社の組織構造をシステム内に表現することができます。

■ SAP上で表現される企業構造

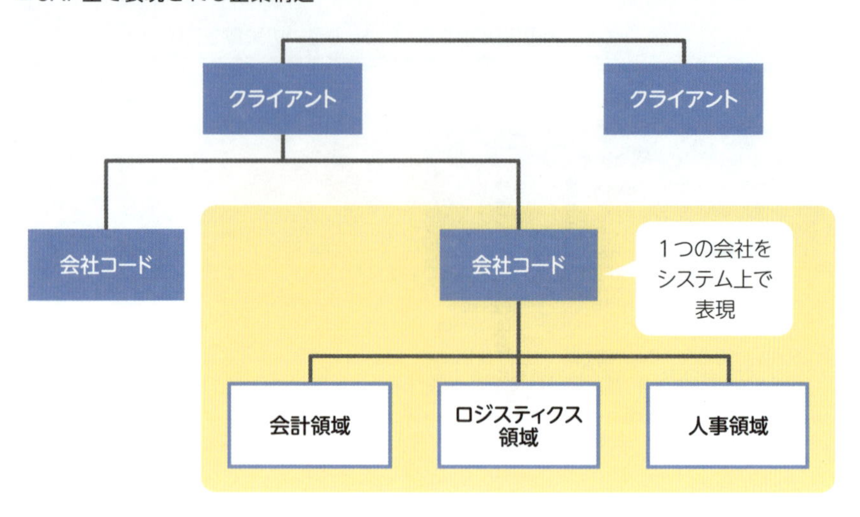

会計領域の組織構造

会計領域の組織については、財務会計や管理会計において、企業の収支を把握・管理したい単位で作成されます。

■ 会計領域で利用される組織構造

領域	組織	内容
財務会計組織	事業領域	内部管理目的の財務諸表を作成する単位
管理会計組織	管理領域	管理会計を行う組織単位
	利益センタ	利益を計上する組織単位。利益センタは部門や営業所などの組織とする場合が多い
	原価センタ	コスト（費用）を管理する単位。原価センタは、部門やプロジェクトなどコストが発生する組織や活動に紐付けられることが多い

ロジスティクス領域の組織構造

　ロジスティクス領域の組織については、購買／在庫管理から販売管理まで受発注業務を通じて、生産拠点や販売拠点として把握・管理したい単位で作成されます。

■ ロジスティクス領域で利用される組織構造

領域	組織	内容
販売組織	販売組織	商品やサービスを販売するために必要な組織単位。ロジスティクス領域における組織の最上位にあたる
	流通チャネル	製品・商品・サービスの販売経路
	製品部門	販売している製品、商品、サービスを特性ごとにグルーピングしたもの
	販売エリア	販売組織、流通チャネル、製品部門を組み合わせたもの
	営業所	販売エリアにおける営業単位
	営業グループ	営業所内の営業員グループ単位
購買組織	購買組織	仕入先と購買条件を交渉する組織単位
	購買グループ	購買を実施するグループ単位
在庫組織	プラント	在庫評価（数量と金額）、管理を行う組織単位
	保管場所	プラント内の品目が存在する在庫管理場所
出荷組織	出荷ポイント	出荷処理される場所
	積載ポイント	出荷ポイントを詳細化した積載を行う場所

人事領域の組織構造

人事領域の組織については、人事管理において従業員情報を管理するために会社や事業所単位で作成されます。

■ 人事領域で利用される組織構造

領域	組織	内容
人事組織	人事領域	人事管理を行う組織単位。通常は会社単位となる
	人事サブ領域	人事領域を細分化した組織単位。税や社会保険などの事業所単位に設定することが多い

「あとで変更すればいいや」は危険！ SAP組織構造マスタの重要性

SAPを導入する際、組織構造のマスタ定義は重要です。組織構造のマスタは、SAPシステム全体の構造を決定し、ほぼすべての処理がこれらのマスタに基づいて行われます。

各マスタがどのテーブルのキー項目となり、どのように処理を制御するのか、きちんと理解しておくことが大切です。なぜなら、一度設定した組織構造を後から変更するのは、膨大なコストと時間がかかるため、極めて困難だからです。そのため、クライアントの組織を深く理解し、組織変更など将来の変化も考慮した設計が不可欠となります。

まとめ

- **ERPは複数の会社を1つのシステムで管理し、企業や組織の構造を抽象化して表現します。**
- **SAPの「クライアント」は独立した環境を意味し、変更は他の環境に影響しません。**
- **「会社コード」は法的に独立した会計単位で、複数の会社をシステム内で管理できます。**

3章

「モノ」を管理するロジスティクス（全体像）

ロジスティクスでは、製品の原材料の調達から受注、販売までの一連の「モノ」の流れを、一括で管理します。適切なロジスティクス管理は、企業の生産性、効率性、顧客満足度、競争力の向上につながります。この章ではロジスティクス領域の全体像と主要モジュールについて解説します。

15 ロジスティクスとは

ロジスティクスとは、必要な物を必要なときに必要な場所に届けるために、調達から回収までの一連の流れを無駄なく効率的に管理する仕組みです。このシステムは、需要と供給を最適化し、物資を効率的に流通させることを目的としています。

ロジスティクスとは

ロジスティクスとは、**商品やサービスの供給チェーン全体を効率的に管理・最適化するプロセス**のことです。具体的には、商品の製造から消費者に届くまでの流れを計画・実行・管理する活動を指します。このプロセスには、在庫管理、受発注管理、輸送、保管、梱包などが含まれます。また、ロジスティクスは、情報管理や需要予測なども重要な要素で、これにより商品の流れを最適化し、コスト削減と顧客満足度の向上を目指します。

ロジスティクスは、**調達ロジスティクス、生産ロジスティクス、販売ロジスティクス、回収ロジスティクス**の4つに分けることができます。

■ ロジスティクスの全体像

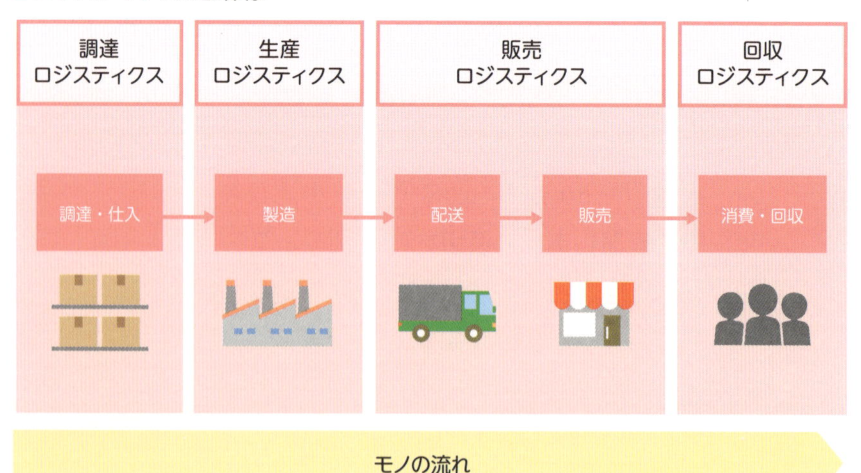

ロジスティクスと物流の違い

物流とは、商品が生産地から消費者に届くまでの一連の活動を指し、輸送や保管、包装などが含まれます。一方、ロジスティクスは、**物流の機能に加え、調達や生産、販売、回収までの全プロセスを一元管理**するものです。ロジスティクスは、需要と供給の最適化や顧客満足度の向上を目的とし、より広範な概念です。物流が物の流れを扱うのに対し、ロジスティクスは供給チェーン全体を管理するのが特徴です。

ロジスティクスの重要性

ロジスティクスは、商品が消費者に届くまでのすべての過程を支える重要なプロセスです。適切なロジスティクスの管理は、顧客満足度の向上、コスト削減と効率化、市場対応力の強化に直結し、企業の競争力を高め、持続的な成長を支えます。

顧客満足度の向上

現代の消費者は、品質が高く、迅速に配達される商品を求めています。スマートフォンの普及により、誰もが簡単にECサイトで商品を購入できるようになったため、配送速度と品質が競争の重要な要素となっています。**ロジスティクスの改善により、消費者のニーズに迅速に応えることができ、顧客満足度を大きく向上させます**。

コスト削減と効率化

ロジスティクスの整備が不十分な場合、商品生産のタイミングや物流業務が最適化されず、生産コストの増加や出荷遅延が生じることがあります。**効率的なロジスティクスは、適切な在庫管理や輸送手段の選定を通じてコストを削減し、業務全体の効率を高めることが可能**です。これにより、企業は限られた予算の中で最大の成果を上げることができます。

市場対応力の強化

消費者のニーズが多様化する中で、企業は市場の流れを正確に読み取り、計画的な商品生産と販促企画を行う必要があります。ロジスティクスが効果的に機能することで、**市場の変動に柔軟に対応できる体制**を整え、国内外のニーズに応えることができます。これにより、企業は競争力を維持し、成長を続けることができます。

サプライチェーンとは

サプライチェーンは、**原材料の調達から最終消費者に製品が届くまでの一連のプロセス**を指します。主要な構成要素には、供給者（サプライヤー）、製造業者、物流業者、卸売業者、小売業者、そして最終顧客が含まれます。これらの要素が連携して機能することで、効率的な物流が実現されます。各要素間では、物の流れ（製品や原材料）、情報の流れ（需要予測やオーダー）、そして資金の流れ（支払いや投資）が存在し、これらが複雑に絡み合ってサプライチェーン全体を形作っています。**ロジスティクスは、サプライチェーンの一部を担っています**。

■ サプライチェーン全体像

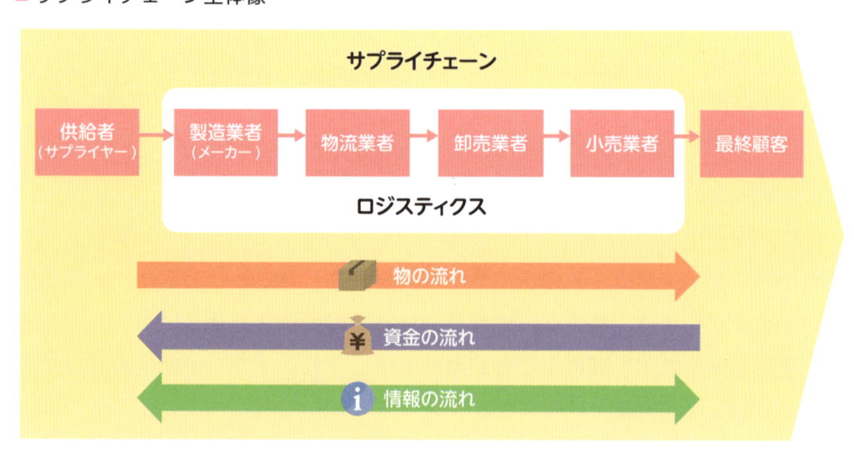

現代のロジスティクス課題

eコマースの影響

eコマースの急速な成長は、ロジスティクスに大きな変革をもたらしています。まず、配送の小口化と多頻度化が進んでいます。これにより、**ラストマイル配送の効率化**が重要な課題となっています。また、返品処理の増加も大きな負担となっており、効率的な返品ロジスティクスの構築が求められています。さらに、当日配送や時間指定配送など、顧客の期待水準が高まっていることも課題です。これらの要求に応えるため、都市部での小型配送拠点の設置や、配送ロボット・ドローンの活用など、新たな取り組みが進められています。一方で、季節変動や特売期間中の急激な需要増加への対応も課題となっており、柔軟な物流体制の構築が必要とされています。

持続可能性と環境配慮

持続可能性と環境配慮は、現代のロジスティクスにおいて避けて通れない重要課題です。**CO_2排出削減**のために、エコカー導入、モーダルシフト、共同配送が推進されています。また、**廃棄物削減**も重要で、包装材の削減や再利用可能な包装の採用が進んでいます。さらに、**サーキュラーエコノミー（循環型経済）**の概念に基づき、リサイクルや再製造を考慮したロジスティクス設計も求められています。これらの取り組みは**環境負荷低減とコスト削減につながる**可能性がありますが、短期的にはコスト増加を伴うこともあり、経済性と環境性のバランスをどう取るかが大きな課題となっています。

まとめ

- **ロジスティクスは、需要と供給の最適化を目指し、効率的に物資を流通させることを目的とした仕組みです。**
- **サプライチェーンは、原材料の調達から最終消費者に製品が届くまでの一連のプロセスを指します。**

16 ロジスティクス領域の全体構成

ロジスティクス領域は、原材料の調達から受注、販売までの一連の業務を対象としており、SAPの複数のモジュールで構成されています。これらのモジュールはシームレスに統合されているため、ロジスティクス全体を1つのシステムで管理できます。

在庫/購買管理（MM）

在庫/購買管理（MMモジュール）は、**購買管理機能と在庫管理機能を統合したモジュール**で、仕入先企業への発注、物品の入庫、債務計上、支払い処理を管理します。在庫管理機能は、商品の入出庫や棚卸、受け渡しを管理し、生産管理や販売管理とも連動します。購買管理機能は、購入依頼から発注、入庫、債務計上までを管理します。SAPの特徴は、これらの機能を統合して管理する点です。

生産計画/製造管理（PP）

PPモジュールは、**需要予測に基づく生産計画、資材所要量計画（MRP）、生産指示、製造工程の管理**を行うモジュールです。製造完了後は、在庫登録と製造実績の登録を通じて原価管理やコストの可視化が可能です。PPモジュールの導入により、生産効率の向上、適正在庫の維持、在庫管理の最適化が実現します。また、サプライチェーン全体の効果的な管理により、コスト削減や市場変化への迅速な対応が可能となります。

品質管理（QM）

QMモジュールは**品質管理を実施し、品質プロセスを継続的に改善**するためのツールです。品質管理を行うことで製品やサービスの品質を確保し、信頼性と顧客満足度を向上させます。QMモジュールは、部品受け入れから出荷までの品質チェックを行い、不具合の原因を追及します。また、他のモジュールと連携し、業務プロセスの管理を強化し、品質計画とモニタリングを支援します。

販売管理（SD）

SDモジュールは、**企業の販売プロセス全体をサポート**するモジュールです。顧客からの注文管理、在庫や出荷、請求や収益の追跡を一元管理します。販売管理業務は、顧客対応、見積作成、受注、出荷、請求までを含む一連のプロセスです。SDモジュールは、これらのプロセスを効率化し、顧客満足度を向上させます。また、販売データのリアルタイム分析により、効果的なビジネス戦略の立案を支援し、売上と利益の増加に寄与します。

■ ロジスティクス領域の全体構成

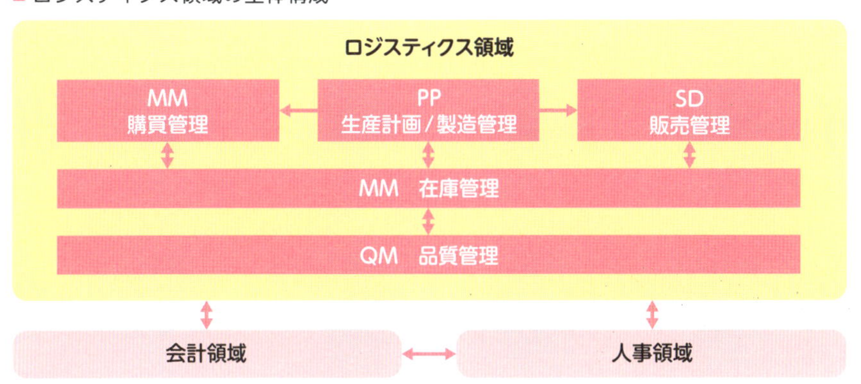

まとめ

- ロジスティクス領域は、原材料の調達から受注、販売までの業務を対象とし、SAPの複数モジュールで構成されています。
- ロジスティクス領域の代表的なモジュールとして、MM、PP、SD、QMの4つがあります。

4章

調達ロジスティクス

調達ロジスティクスは、企業が必要とする原材料や部品を適切なタイミングで調達し、効率的に生産現場に届けるためのプロセスを指します。このプロセスには、仕入先の選定、発注、輸送、検品、保管などの活動が含まれます。ここでは、調達ロジスティクスを支えるMMモジュールについて解説します。

17 在庫/購買管理モジュール(MMモジュール)

在庫/購買管理(以下、MMモジュールと記載)は、大きく購買管理機能と在庫管理機能とに分けられます。一般的なシステムでは別々に管理されることが多いですが、SAPでは購買管理機能と在庫管理機能を統合した形で管理していることが特徴です。

購買/在庫管理とは

MMモジュールは、**仕入先企業に発注し、物品が届いたら入庫し、債務を計上し、支払いを処理する一連の業務を管理できるモジュール**です。

在庫管理機能では、商品や資材の入庫や出庫、さらには受け渡しの管理を行います。これには、在庫の状況を把握するための棚卸処理なども含まれます。在庫管理機能は、後述する生産管理や販売管理とも連動しており、原材料の出庫や完成品の入荷や集荷も管理しています。

一方で、購買管理機能は、資材や消耗品の購入に関する一連の流れを管理します。この流れには、購買部門への購入依頼から発注、商品の入庫、そして費用の計上までが含まれています。

MMモジュールを導入するメリット

MMモジュールは**企業の在庫管理を改善し、コスト削減と業務の効率化**をもたらします。生産性の向上は、競争力を高めるための重要な要素となります。

発注業務の効率化とコスト削減を実現

MMモジュールを導入することで、発注業務が効率化されます。これまで時間と人手を多く使っていた煩雑な発注処理が、自動化により簡単にできるようになります。手間と時間が減ることで、人件費の削減にもつながります。たとえば、以前は注文ごとに繰り返し行っていた手動の発注作業が、1画面で完了するようになります。

正確な在庫管理で余分なコストを省く

正確な在庫管理ができることがMMモジュールの大きなメリットです。必要量以上の発注や過剰在庫を防ぐことができ、それにより余計なコストを削減できます。在庫が多すぎたり、長い間使われずに残ってしまったりする過剰在庫の問題を解決することができます。これにより、企業は**「適正在庫」として必要なものだけを適切な量で管理**できるようになります。

財務会計との効率的な連携

MMモジュールは、財務会計モジュール（以下、FIモジュールと記載）との連携が可能です。この連携により、**購入データや在庫データを会計処理に自動的に統合し、手作業によるデータ転送の時間と労力を削減できます**。たとえば、MMモジュールで管理される在庫情報がFIモジュールに自動的に反映され、会計処理がスムーズになります。また、仕入先から送付されてきた請求書データなどをMMモジュールからFIモジュールに自動で転送することができます。

SAP BIとの連携によるデータ分析と意思決定の向上

MMモジュールは、**ビジネスインテリジェンスツールであるSAP BIと連携**できます。これにより、購入データの分析や在庫の最適化が可能になります。たとえば、仕入先ごとの購入データを分析して、よりよい価格交渉を行うことができます。また、在庫回転率を分析し、効率的な在庫管理を実現します。これらの分析結果は、より最適な意思決定を下すための重要な情報源となります。

まとめ

- **MMモジュールは、購買管理と在庫管理を統合し、発注から入庫、債務計上、支払い処理までを管理します。**
- **MMモジュールは企業の在庫管理と発注業務を効率化し、コスト削減を実現します。**

18 購買管理機能

購買管理機能は、資材や消耗品を購入する際の一連のプロセスを管理します。SAPの購買管理機能は、「購買依頼」から「見積依頼」、「購買発注」までの機能で構成されています。

購買業務とは

購買業務は、企業が必要な商品やサービスを適切な時期、適切な価格で購入するための業務です。たとえば、ある会社が新しい商品を製造するためには、原材料や部品が必要です。これらの原材料や部品をどこから、いつ、どれだけの量で、どのような価格で購入するかを決定するのが購買業務の一部です。また、購入した商品が納品されるまでの流れや支払いの手続きもこの業務に含まれます。

購買業務の目的は、**必要なものを適切なタイミングで入手すること**です。同時に、**適切な価格で購入することで、コストを削減することが大切**となってきます。また、**購買プロセスを可視化することで、業務統制をかけること**ができます。ですので、購買管理の目的は「**効率化、コスト削減、統制**」の3つがポイントとなります。

購買業務プロセスとシステム機能

SAPの購買管理機能は、「購買依頼」から「見積依頼」、「購買発注」までの機能で構成されています。一方、在庫管理機能は、原材料や製品の「入庫」や「出庫」に関する機能で構成されています。

■購買業務プロセス

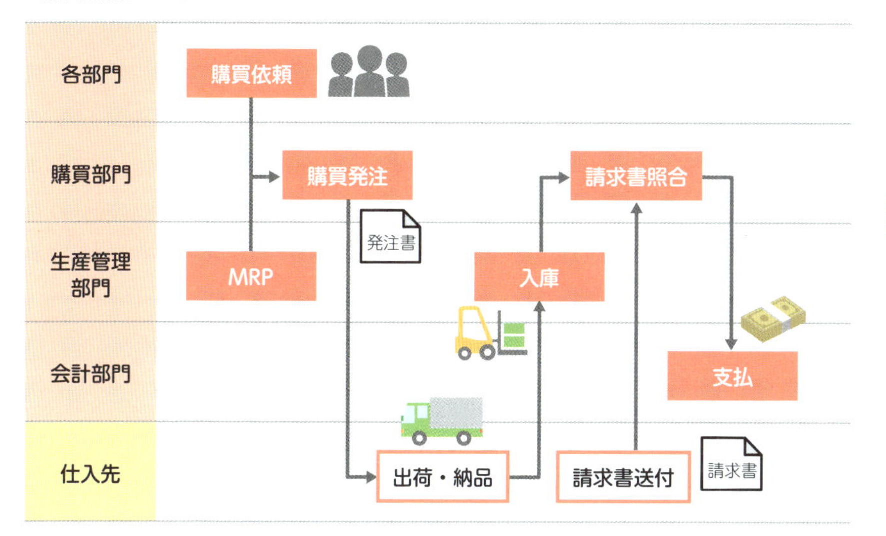

購買依頼 (PR：Purchase Request)

　購買依頼は、企業内の部門が必要な商品や材料を購買部門に伝える手続きです。SAP上で購買依頼を作成する方法は2つあります。1つは、計画に基づいて自動的に購買依頼を作成する方法です。これは、**「MRP」機能を使って、必要な材料や商品の情報を自動的に計算し、「購買依頼伝票」に変換**します。もう1つの方法は、**手動で購買依頼を登録する**方法です。これは、急な需要や計画外の購入が必要な場合に使います。

　たとえば、製造部門が部品を必要とした場合、その部品の名称、必要な数量、そして希望する納期を「購買依頼伝票」に記入します。SAPの「購買依頼伝票」には、品目や数量、納期などの基本的な情報だけを入力します。価格や仕入先情報はこの段階では入力不要です。

　そして、この購買依頼についてはシステム上で購買依頼に対する承認処理ができます。特に条件分岐による多段階承認機能が組めることが特長です。たとえば、購入する商品の価格が10万円未満なら、自部門の課長の承認、10万以上、経理部長の承認が必要といった条件を企業の社内ルールに合わせて自由に組むことができます。

　一般的に、購買依頼は部門の責任者やマネージャが承認し、正式に発注が行われます。購買依頼が承認されると、その後は修正ができなくなります。同時に、その承認された購買依頼は購買発注へと変換される対象となります。

見積依頼（RFQ：Request for Quotation）

見積依頼は、価格が未定の商品やサービスについて、取引先に価格を教えてもらうための手続きです。たとえば、新しいオフィスの椅子を購入したいけれど、どれくらいの価格で提供してもらえるのか知りたいとき、見積依頼を行います。

SAPを使えば、この見積依頼の手続きが簡単に行えます。SAP上で「購買依頼伝票」に購入したい商品の情報を入力し、見積依頼を作成することができます。あわせて購買担当者による供給元候補の決定プロセスをサポートしています。たとえば、新しい機械を購入したいとき、いくつかの取引先に見積もりを依頼することが考えられます。複数の取引先からの見積もりが届くと、それをSAPに入力します。SAP上で入力された見積もりを比較・分析し、費用対効果の高い取引先を選ぶことができます。

購買発注（PO：Purchase Order）

購買発注は、購買部門が取引先に対して商品やサービスを注文する際の手続きです。この手続きを通じて、企業は必要な商品やサービスを手に入れることができます。

購買部門は、どの仕入先から、どれくらいの価格で、何を購入するのか決定します。「購買依頼伝票」を元に、SAP上で「購買発注伝票」を作成します。この伝票には、購入する商品の詳細や価格、仕入先の情報などが記載されています。この伝票が完成すると、仕入先に対して正式に注文を行います。

SAPには、**仕入先や価格の情報を購買情報マスタとしてあらかじめ登録**しておくことができる機能があります。これにより、毎回情報を入力する手間を省くことができ、ミスも減少します。また、「購買発注伝票」を元に、仕入先に送付する「注文書」を簡単に作成することもできます。「購買発注伝票」は、EDI[1]

---

[1] EDI（Electronic Data Interchange）は、電子データ交換の略語で、ビジネス間で電子的なドキュメントやデータを安全かつ標準化された形式で送受信するための技術です。

により電子データとして送信したり、紙やFAXで仕入先に送付したりします。

SAPでは、**発注した商品の進行状況を簡単に追跡**できます。これには、購買発注明細ごとに、商品が配送されたか、請求書が届いたかを確認する機能が含まれます。さらに、もし商品がまだ届いていなければ、その注文を仕入先に対して追跡し、必要に応じて納品を催促することも可能です。

入庫（GR：Goods Receipt）

購買品が仕入先から届いた際の手続きを「入庫」と呼びます。納入品が入庫されると、「入出庫伝票」が作成されます。SAP上では原材料などの購買品を入庫する際には、**商品の状態を示す「在庫ステータス」を設定**することができます。たとえば、「利用可能在庫」はすぐに使用できる商品を示し、「品質検査中在庫」は検品中の商品を示します。また、「保留在庫」は品質が不良だったり、破損していたりしたなどの理由で使用できない商品を示します。

■ 在庫ステータスのイメージ

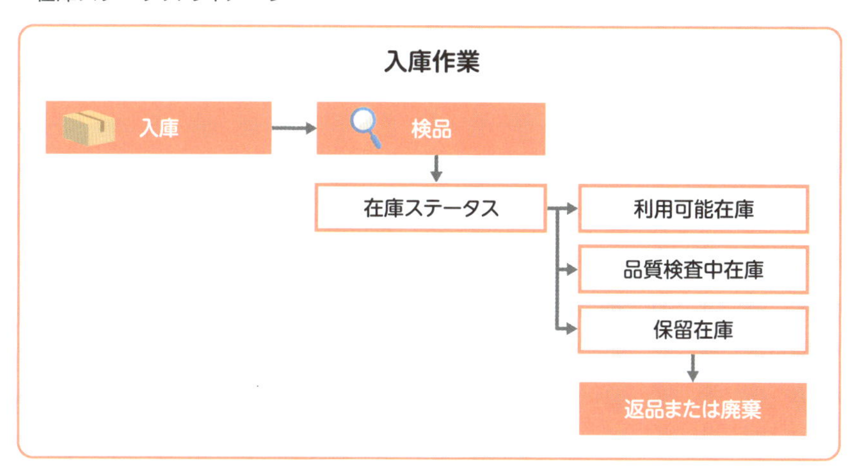

また、**入庫処理を完了すると、SAPは自動で会計仕訳を作成**することができます。具体的には「購入品/入庫請求仮勘定」という仕訳で、会計伝票が登録されます。このように、SAPを使用することで、商品の受け取りから在庫の管理、会計処理までを一貫して効率的に行うことができます。

■ 入庫時の自動仕訳

借方	貸方
購入品	入庫請求仮勘定

請求書照合（LIV：Logistics Invoice Verification）

「請求書照合」は、仕入先から届いた請求書の内容と、自社が発注した内容を比較・確認する作業です。

具体的には、発注した商品やサービスの金額と、請求書の金額が同じかをチェックします。もし、差異があれば、その原因を調査し、正確な金額での支払いを目指します。一方、内容が一致していれば、仕入先に支払うお金として、債務（買掛金）を計上します。

■ 債務計上時の自動仕訳

借方	貸方
入庫請求仮勘定 仮払消費税	買掛金

SAPでは、この請求書照合の作業を簡単に行うことができます。債務の計上方式は、「**請求書照合方式**」と「**入庫請求自動決済方式（ERS）**」の2つがあります。

請求書照合方式

SAPの画面上で仕入先から届いた請求書の金額を画面上に入力し、発注の内容と請求書の内容を比較し、一致していれば緑色のステータスが表示されます。この時点で請求書照合は完了となり、債務を計上します。

入庫請求自動決済方式（ERS：Evaluated Receipt Settlement）

ERSは、物理的な請求書を使用せずに、入庫記録に基づいて仕入先への支払いを自動的に処理する機能です。ERSでは**入庫処理が行われたタイミングで、自動的に債務を計上**します。この機能を利用すると人の手を介さずに債務を計上することができます。製造業などで非常に多品種の部品や原材料を購入する場合は、こうした自動処理が有効となります。そのため、ERSを採用したほうが業務負荷は減ります。実際に**MMモジュールを利用している企業のほとんど**

がERSを採用しています。ERSを使うことで、請求書の照合データをEDIで連携し、業務の効率化を図ることが可能です。ERSを使用するかどうかは、仕入先や品目、購買組織ごとに個別に設定できます。そのため、仕入先ごとに最適な方式を選び、使い分けることが推奨されます。

購買管理で使用する組織構造

各モジュールを導入する際に、最初に行うべきステップは共通です。実際の業務主体となる事業所、工場、部署といった実在する組織を、モジュールごとに定義されている組織構造に落とし込むことです。**購買管理では、実在組織とロケーションの関係をおさえ、組織構造を定義**していきます。在庫/購買管理で使用する組織は、購買組織、購買グループ、プラント、保管場所の4つです。

購買組織

購買組織は、仕入先との購買条件を交渉する部門です。これは通常、購買部門や調達部門として設置されます。もし社外の仕入先と交渉する部門が1つだけなら、購買組織を1つ設定するだけです。しかし、部署ごとに購入する品目が異なる場合（例：直接材と間接材）は、複数の購買組織を設定することも考えられます。たとえば、商社では事業部ごとに異なる取引が行われるため、1つの会社内に複数の購買組織が存在することもあります。購買組織を分けることで、各部門の調達プロセスの責任範囲を明確にすることができます。

購買組織は、会社コードとプラントに割り当てることができます。1つの購買組織を複数のプラントに対して割り当てることが可能です。例として、複数の工場で使用する原材料の調達を1つの調達部門が取りまとめるケースなどが想定されます。

購買グループ

購買グループは、購買組織を細分化した単位で購買を実施する単位となります。調達を担当する購買担当者を表します。例として、原材料の調達を担当するグループや完成品の調達を担当するグループなどが考えられます。

また、**購買グループは、購買発注の承認単位として使用**されます。SAPで発注を承認するとき、承認者は特定の購買グループを選択して、対象となる発注を確認します。したがって、異なる担当者が発注の承認を行う場合、購買グループを分けて設定する必要があります。

購買グループは、購買組織を細分化したものですが、**システム上では会社コードや購買組織とは直接関連せず、独立した組織として機能**します。

プラント

プラントは、工場や物流センタ、事業所や営業所などの事業の活動拠点を表します。製造業の場合では、プラント＝工場のイメージが強いですが、影響するカスタマイズやマスタ設定が多岐にわたることから、プラントは最小単位で取ることが望ましいです。これにより、運用や管理が柔軟に行えるようになります。

保管場所

保管場所は、プラント内で「在庫を保管し、在庫数量の管理する場所」を表します。また1つのプラントに対して1つ、または複数の保管場所を割り当てることができます。

■ 購買管理における組織構造

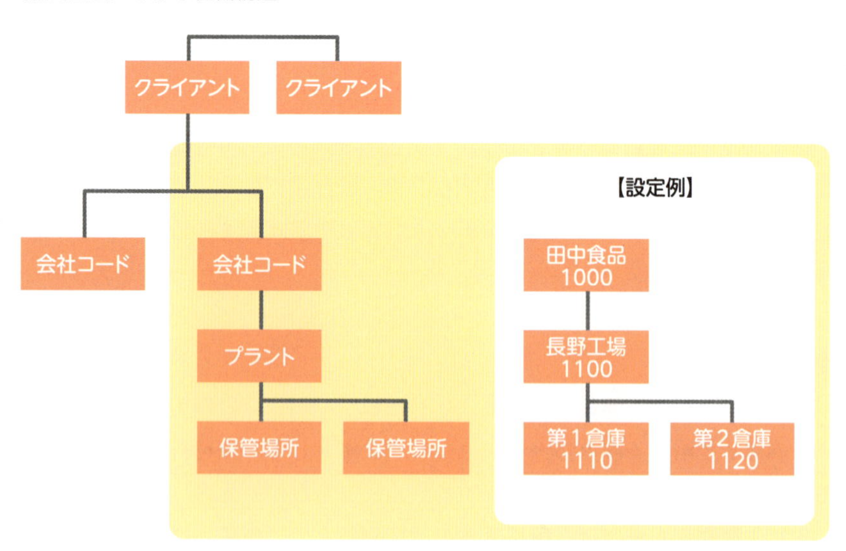

購買管理で利用するマスタ

購買管理で利用する主なマスタは以下のとおりです。

品目マスタ

品目マスタは、**SAPのモジュール共通で使用する重要なマスタ**です。品目マスタには製品や原材料、サービスなどのさまざまな種類の品目が含まれます。購買や在庫管理などの業務において購買品の管理としてこの品目マスタが利用されます。

SAPのさまざまなモジュールで品目マスタを使いますが、その使い方は「ビュー」という単位で分かれています。品目マスタ自体が、複数のテーブルから構成されているため、業務ごとに登録や照会がしやすい画面をSAPでは用意しています。それがビューとなります。そのため品目マスタの中身を見るときには、どのビューを利用して見るかを選ぶ必要があります。

■ 品目マスタレコード

BPマスタ（仕入先マスタ）

「S/4HANA」より、BP（ビジネスパートナー）マスタが登場しました。BPマスタは、会社にとって利害関係のある個人や企業や組織のグループを表します。これは、従来、**別々だった得意先マスタと仕入先マスタを統合**したもので、**取引先情報を一元管理するためのマスタ**です。例としては、取引関係のある調達先となる企業が対象となります。また、BPは、一意のビジネスパートナー番号（BP番号）で識別されます。

BPマスタでは、「BPロール」という概念によって、取引先が「得意先」なのか「仕入先」なのかを区別しています。MMモジュールでは債務計上するために、ビジネスパートナーを登録し、その中で「仕入先」としてのロールを割り当てます。1つのBPに対して複数のロールを割り当てることができます（BPを登録する際には、「一般」という「BPロール」が標準仕様で自動的に設定される）。

■ BPマスタのイメージ

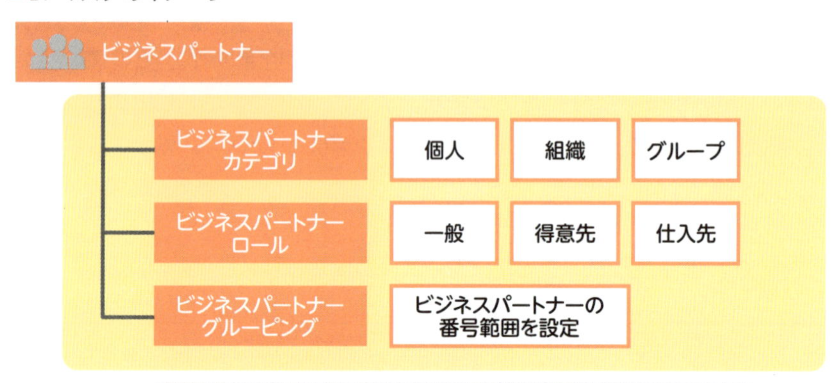

例）仕入先企業の場合は、ビジネスパートナーカテゴリが「組織」を、ビジネスパートナーロールに「仕入先」を設定する。

購買情報マスタ（購買価格マスタ）

購買情報マスタは、仕入先、購買組織、品目ごとに価格や納期などの調達情報を管理します。特に、数量に応じた単価情報などを含むため、購買伝票の入力や処理時に自動参照されます。購買情報マスタを適切にメンテナンスすることで、価格や納期が自動計算され、業務効率が大幅に向上します。

供給元一覧マスタ

供給元一覧マスタは、品目を発注することができる仕入先の情報を品目とプラント（生産拠点）単位で管理するためのマスタです。このマスタは、特定の品目がどの仕入先、またはどのプラントから供給されるべきかを定義することができます。

供給量割当マスタ

供給量割当マスタとは、品目コードとプラントの組み合わせで供給量の割当を管理できるマスタです。調達リスクを回避することを目的に、複数の仕入先から資材を調達する際に、各仕入先からどの程度の比率で資材を調達するかを決定します。

供給量割当マスタは、多岐にわたる業務シーンで活用可能です。たとえば、計画手配やMRP（資源計画）、購買依頼、購買発注といったプロセスにおいて、「供給量割当」を用いることで、効率的な資材調達を実現できます。

COLUMN

調達DXの波：サステナビリティとAIを活用した変革

調達・購買の世界では、長年QCD（品質・コスト・納期）がサプライヤーの選定基準の主流でした。しかし今、新たな指標「サステナビリティ」が加わっています。環境保護、労働条件、倫理的実践、事業の持続可能性、地政学的リスクまでを考慮する時代です。

同時に、サプライヤーの絞り込みと効果的な管理が重要性を増しています。少数精鋭のサプライヤーとの深い関係構築が、リスク軽減と価値創造につながるのです。

さらに、AIの活用が進んでいます。サプライヤー選定や調達戦略の立案において、AIが最適解を提示してくれます。これにより、より持続可能なビジネスモデルの構築が可能になります。

まとめ

- **購買管理機能は、資材や消耗品の購入プロセスを管理し、「購買依頼」、「見積依頼」、「購買発注」を含みます。また購入プロセスを自動化し、正確な在庫管理や財務会計との連携を実現します。**
- **在庫/購買管理で使用する組織は、購買組織、購買グループ、プラント、保管場所の4つです。**

19 在庫管理機能

在庫管理機能は、商品の入出庫や受け渡しを管理し、棚卸を通じて在庫状況を把握します。また、生産管理や販売管理とも連動して、原材料や完成品の管理を行います。

在庫管理とは

在庫管理は、製品や資材の数量を把握し、適切に管理することです。これにより、必要なときに必要なものが確実に手に入るようになります。たとえば、スーパーマーケットで商品が常に適切に補充されているのを想像してください。これは、効果的な在庫が適正に管理されている結果です。このような管理は、原材料から中間品に至るまで、製造業において特に重要です。**在庫の正確な把握は、過剰在庫を防ぎ、コスト削減につながります**。

MMモジュールは、在庫の入出庫プロセスをサポートします。SAPを使うと、在庫の入出庫をリアルタイムで追跡できます。たとえば、新しい部品が工場に届くと、システムは自動的に在庫を更新します。これは、在庫の正確性を保ち、必要なときに正確な情報を提供するために不可欠です。また、SAPの販売管理モジュールと連携することで、顧客の注文に対する在庫の有無もリアルタイムで確認できます。

在庫管理の業務プロセスとシステム機能

MMモジュールの在庫管理は、**工場や事業所ごとに現在の在庫状況を正確に管理する機能**です。入庫や出庫は「入出庫伝票」を使って処理され、その結果が在庫数量と在庫金額にすぐに反映されます。**在庫移動時には、「入出庫伝票」と「会計伝票」が同時に記録**され、追跡が可能です。

■在庫管理の基本プロセス

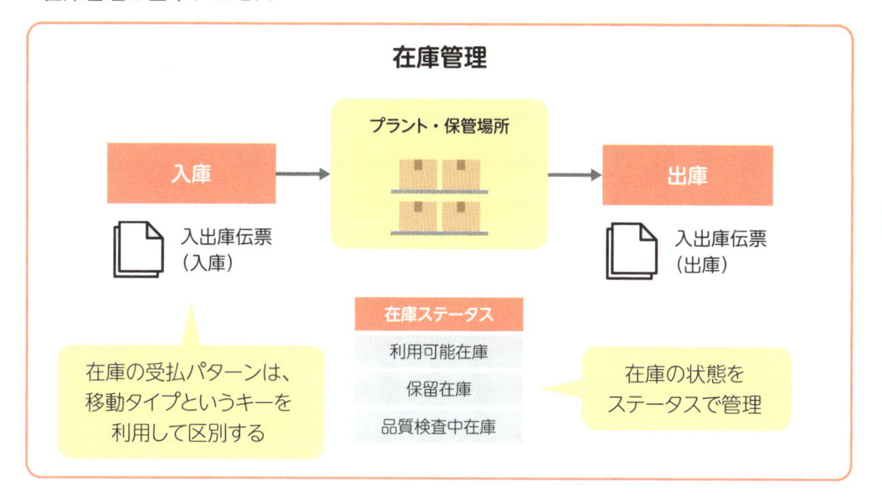

入庫

発注した納入品が仕入先から届いた場合、入庫処理を行います。具体的には「入出庫伝票」を登録します。入庫処理は、購買発注の伝票を参照して実施することができます。実際には原材料や部品が入庫した場合に、検品や受入検査を行います。検品でNGが出た場合は、返品処理を行います。

在庫転送

在庫転送は、在庫している資材や製品を異なる拠点（プラント）や保管場所に移動することを指します。たとえば、倉庫から製造ラインへの部品の供給、あるいは製品を異なる倉庫に移動させる場合に使用されます。

在庫転送の手順として、必要な在庫品を特定し、転送元と転送先の拠点を確認します。次に、SAPシステム内で転送オーダーを作成し、転送したい在庫品の数量や詳細を入力します。そして、転送オーダーを承認し、実際の転送が行われます。

SAPの在庫転送機能には、「**ワンステップ在庫転送**」と「**ツーステップ在庫転送**」の2種類があります。

「ワンステップ在庫転送」は、異なる拠点間での一段階の在庫転送を管理する機能です。特定の拠点から出荷された在庫品は、利用可能な在庫として登録され、即座に使用できるようになります。

もう1つは「ツーステップ在庫転送」で、物の動きに合わせて在庫の移動が2段階で行われる場合に使用される機能です。この方法では、移動中の在庫に「転送中在庫」という特別なステータスが設定され、どちらの拠点にも所属していない状態が示されます。これにより、在庫の移動プロセスの進行状況がリアルタイムで把握でき、効率的な在庫管理が実現します。また、「転送中在庫」は、受注伝票や出荷指示伝票の利用可能在庫（引当可能在庫）の対象外として扱われるため、正確な在庫計画をサポートします。**多くの企業が「ツーステップ在庫転送」を採用**しており、在庫管理の精度と効率を高めています。

出庫

入出庫伝票を登録し、プラントなどの拠点に販売製品を出庫します。または原材料や部品をプラントに出庫します。出庫処理は、プラントや保管場所に対する出庫指示を行うことから始めます。出庫指示に従い、倉庫より製品をピッキングします。通常はピッキングリストと呼ばれる出庫指示リストを出力し、それに基づいて出庫作業を行います。

棚卸

棚卸機能では、まず在庫数量を実地棚卸し、それを棚卸資産として記録・管理します。その後、システム上の在庫数量と実地棚卸で把握した在庫数量を比較し、合致しているかを確認します。差異があれば、差異の原因を調査し、原因に応じた調整を行います。棚卸は、正確な在庫情報を把握することが目的となりますので、定期的に実施されます。

SAPでは棚卸の管理方法として「**入出庫伝票による管理**」と「**棚卸伝票による管理**」の2つがあります。どちらを選ぶかは在庫の金額とスピードに依存します。在庫1つ当たりの金額が少なく、速さが重要な場合は前者が適しています。在庫の金額が大きい場合は後者の「棚卸伝票による管理」が適しています。

実際の実地棚卸ではSAPの画面に向かって直接伝票登録することは少なく、無線ハンディターミナルなどを利用して実地棚卸を行い、結果を外部システムに集計し、そのデータをSAPにデータ連携してデータ登録することが多いのが実情です。

在庫管理で使用する組織構造

在庫管理で使用する組織構造は、プラントと保管場所の2つとなります。

プラント

プラントは、在庫金額と在庫数量を管理する単位です。プラントというので倉庫、工場、店舗、本社などをイメージしがちですが、SAPでは会計上、在庫金額を把握したい単位となります。**MMモジュールを導入する上でプラントの概念をどのように設計するかが、とても重要**となります。設計するにあたり、プラントは1つのみ設定し、保管場所で在庫数量を把握することが望ましいです。プラントを建物単位に設定してしまうと、パラメータ設定や管理が煩雑となるため、最小数にとどめることが重要となります。

保管場所

保管場所は、プラント内で在庫を保管し、在庫数量の管理する場所を表します。また1つのプラントに対して1つ、または複数の保管場所を割り当てることができます。

在庫管理で利用するマスタ

在庫管理で利用する主なマスタは以下のとおりです。

品目マスタ

品目マスタは、前述したようにSAPのモジュール共通で使用する重要なマスタとなり、在庫管理でも利用されます。品目マスタの「一般プラント/保管場所ビュー」を利用して、品目とプラントと保管場所の組み合わせ単位で登録します。在庫品の最長保管期間など在庫保管に関するデータを管理します。

「SAP Joule」 生成 AIがもたらす業務変革の可能性

SAP社が2023年に発表した生成AI「SAP Joule（ジュール）」は、企業のビジネスプロセスを革新する可能性を秘めた画期的なツールです。「Joule」は、自然言語処理と機械学習を活用しており、今後、SAP社のさまざまな製品に組み込まれていく予定です。

「Joule」の主な特徴は、自然な会話を通じてデータ分析や業務タスクを簡単に実行できる点です。たとえば、複雑なレポートの作成や、データからの洞察の抽出を、専門的な知識がなくても行えるようになります。また、「Joule」は業務プロセスの最適化提案や、予測分析による意思決定支援も行います。

在庫管理や購買管理の分野でも、「Joule」の活用により大きな効率化が期待できます。たとえば、在庫レベルの最適化では、過去の販売データや市場トレンドを分析し、適切な在庫量を提案します。また、購買管理では、サプライヤーの評価やコスト分析を行い、最適な発注のタイミングや数量を提案することが可能です。

さらに、「Joule」は異常検知にも優れており、在庫の急激な変動や不自然な購買パターンを即座に検出し、管理者に通知することができます。これにより、問題の早期発見と迅速な対応が可能となり、ビジネスリスクの低減につながります。

今後のビジネス環境において、「Joule」のような生成AIの活用は、企業の競争力を維持するための重要な要素となるでしょう。

まとめ

- **在庫管理機能は商品の入出庫や棚卸を管理し、在庫状況を把握します。また、生産管理や販売管理と連携し、原材料や完成品を適切に管理します。在庫の正確な把握でコスト削減が可能です。**
- **在庫管理で使用する組織構造は、プラントと保管場所の2つです。**

5章

生産ロジスティクス

生産ロジスティクスは、製造プロセス全体を効率的に管理し、必要な材料や部品が適切なタイミングで生産ラインに供給されるようにする活動を指します。このプロセスには、材料の受け入れ、在庫管理、生産計画、製品の移動などが含まれます。生産ロジスティクスが効果的に機能すると、生産ラインの停止や遅延が防止され、製品がスムーズに作られます。ここでは、生産ロジスティクスを支えるPPモジュールとQMモジュールについて解説します。

20 生産計画/管理モジュール(PPモジュール)

生産計画/管理モジュール(PP:Production Planning and Control　以下、PPモジュールと記載)は、製品の生産計画および生産指示、進捗管理、実績管理など生産活動を効率的に推進するためのサポートをします。

生産管理とは

生産管理は、企業の生産活動を計画し、組織し、統制する総合的な管理活動です。具体的には、経営計画や販売計画に基づいて、生産計画を立て、それに従って生産活動を進めることを指します。生産管理の目的は、「**要求される品質の製品を、要求される時期に、要求量だけを、効率的に生産すること**」です。つまり、**製品の「QCD(Quality(品質)、Cost(コスト)、Delivery(納期))」をコントロールすること**が一番の目的となります。

製品の生産形態には、見込生産と受注生産があります。SAPはいずれの生産形態にも対応しています。

■ 生産形態の種類

生産形態	内容
見込生産 (MTS:Make To Stock)	製品の需要を予測して生産するアプローチです。過去の売上データや市場の需要予測を元に、あらかじめ一定数量の製品を生産します。製品は在庫として保管され、需要が発生したときに供給できるようになります。需要が予測どおりに来れば、効率的な生産と在庫管理が可能ですが、需要が過小または過大評価されると、在庫ロスや生産不足のリスクが生じます
受注生産 (BTO:Build To Order)	製品は顧客からの注文が入ったときにのみ生産されるアプローチです。製品はあらかじめ在庫に準備されず、注文が受けられたときに製造ラインが稼働します。顧客の要求に合わせたカスタマイズが容易で、在庫コストを削減できます。しかし、注文ごとに生産設備の調整や生産時間がかかるため、納期の制約が生じることがあります

PPモジュールとは

PPモジュールは、生産管理に特化したモジュールで、**生産計画に基づいた製造プロセスを管理**します。具体的には、需要予測に基づいて生産計画を立て、資材所要量計画（MRP）を実施し、生産指示や生産工程の管理を行います。製造完了後は、製品を利用可能在庫として入庫処理し、使用した原材料や生産量、作業時間などの製造実績を登録します。これにより、原価管理やコストの可視化が可能となります。

また、PPモジュールの機能は、製造業の製造プロセスに応じてPP-DS（ディスクリート生産）とPP-PI（プロセス生産）という2つの大きなカテゴリで構成されます。

■ 製造プロセスの違い

製造プロセス	説明
PP-DS （ディスクリート生産）	ディスクリート生産は、組立生産のことで、主に個々の製品を個別に生産する製造業で使われます。自動車、機械、電気製品などの製造に適しています。この製造形態では、個々の製品が異なるパーツで構成され、工程が分割されているのが特徴です。一般的にPPモジュールは、組立生産をベースで説明されることが多いです
PP-PI（プロセス生産）	プロセス生産は、主に連続した生産が行われる製造業に適用され、化学、食品、製薬業界などで広く使用されます。ディスクリート生産とは異なり、製品が連続的なプロセスで製造されるため、製造方法も異なります

PPモジュールを導入するメリット

生産効率の向上

PPモジュールは、生産計画と顧客の需要を満たすためのMRP機能があります。この機能により、**製造業者は適正在庫を実現し、生産効率を高め、さまざまな製品を製造しながらコストを削減**できます。

在庫管理の最適化

競争の激しいビジネス環境では、在庫の管理が非常に重要です。PPモジュールを利用することで、在庫が過剰になったり、不足したりするのを回避し、**必要な材料を適切なタイミングで確保**できます。たとえば、アパレルメーカーが季節ごとの流行を予測し、適切な量の商品を在庫として持つことで、売上の機会損失を防ぐことなどができます。

サプライチェーン全体の効果的な管理

最新の需要計画は、初期のMRPベースのソフトウェアよりも進化しています。これにより、多くの企業が**サプライチェーン全体の管理、コスト削減、市場の変化への対応を実現**しています。たとえば、家電メーカーが部品の供給遅延を予測し、代替部品の調達や生産計画の変更を迅速に行うことで、製品の出荷遅延を防ぐことができます。ちなみに、サプライチェーン全体の在庫を削減するには、**社内・社外の区別なくサプライチェーン全体に対して生産計画情報をタイムリーに共有**することが重要となります。

生産計画の業務プロセスとシステム機能

生産計画は、「いつまでに、何を、どのくらい製造するのか」という計画を作成する業務です。たとえば、工場が部品調達のコストや所要時間、予想される需要、輸送コストなどの要素を考慮して、最も適切な生産スケジュールを模索して生産計画を作成します。生産計画の目的は、コストの削減、利益率の最大化、納期などのニーズへの対応などがあります。

この後の図解には、トランザクションコード（4文字の英数字コード）が、処理名の下に記載されています。トランザクションコードは、SAPの機能や画面にアクセスするための処理コードです。これを使うと、必要な機能にすぐにアクセスできます。SAPを利用する業務ユーザーは、覚えておくと便利です。

■ 生産計画の基本プロセス

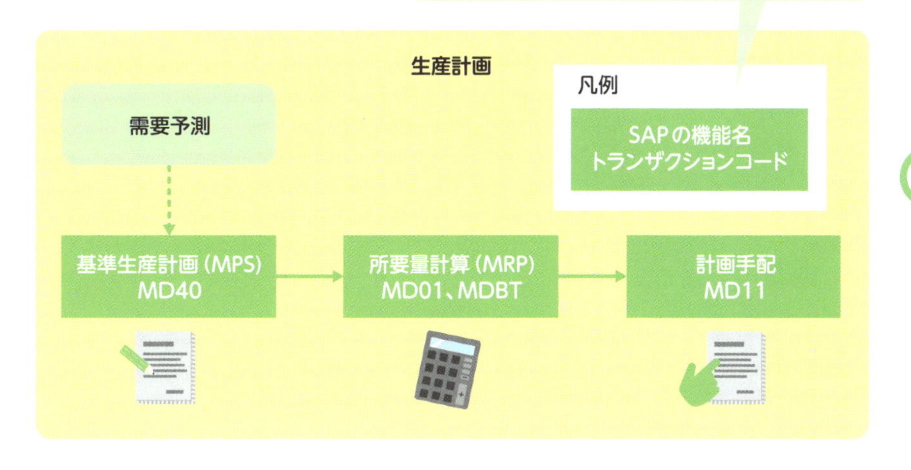

長期計画

SAPの長期計画（LTP：Long-Term Planning　以下、LTPと記載）は、日常の生産活動には直接影響を与えず、**将来の需要と供給のバランスをシミュレーション**するために使用されます。

LTPでは、計画期間や在庫の考慮の有無など、計画に必要な基本情報を定義します。LTP機能によりすべての部品表（BOM：Bill Of Material）レベルで将来の需要と供給の予測をシミュレーションすることができます。このシミュレーションは、**生産能力、材料要件、および供給業者の能力を検討**することを目的としています。作成された長期計画は、シミュレーションバージョンから運用バージョンに移行することができます。また、長期計画は購買部門によっても活用され、将来の発注量の見積もりや納品スケジュール、ベンダーとの契約交渉にも役立てられます。

基準生産計画（MPS）

基準生産計画（MPS）は、**工場が製品をいつ、どれだけ生産するかを決定する需要計画**です。この計画は、市場の需要や受注状況を基に作られ、**生産の効**

率化と無駄の削減を図ります。たとえば、自動車工場で新しいモデルの生産を計画するとき、MPSはどの部品をいつ、どれだけ必要とするかを示します。これにより、必要な材料や部品が過不足なく、適切なタイミングで用意され、生産ラインがスムーズに動きます。

計画が不明確な場合、部品が足りなくなることもあれば、逆に在庫過多になることもあります。これは、部品が不足して生産ラインが止まるか、逆に必要以上に部品を持ってコストがかさむような状況です。MPSはこれらの問題を予防し、生産をより計画的に、コスト効率よく進めることができます。

さらに、MPSは将来の市場の動きや顧客のニーズを見据えて、突発的な注文にも柔軟に対応できるようにします。これは、急な大口注文にも迅速に対応できる工場のようなものです。生産計画を適切に調整することで、工場は常に最適な運営状態を保つことができます。SAPを使用することで、これらのプロセスがさらに効率化され、ビジネスの競争力を高めることにつながります。

資材所要量計画（MRP）

MRPは、**効率的な生産活動を支える重要な仕組み**です。これは、**製品製造に必要な部品や資材を、いつ、どれだけ必要かを手配する計画**です。まず、製品をいつまでにどれくらい生産するかを定める「基準生産計画（MPS）」があります。MRPは、このMPSを基に、部品表（BOM）を用いて製造工程で必要となる資材の必要量を求めます。

MRPの主な目的は、**必要な品目が常に十分な量で利用できるようにすること**です。ポイントは、現在の在庫量をしっかり考慮することです。たとえば、自動車工場を考えてみましょう。この工場では自動車を組み立てるために、エンジン、タイヤ、ボディパーツなど、さまざまな部品が必要です。MRPは、工場がどれだけの自動車を生産する予定なのかを把握し、それに合わせて必要な部品や原材料を計算します。

もし工場が来月1,000台の自動車を生産する計画であれば、MRPはエンジン、タイヤ、ボディパーツなどの部品の在庫を確認し、足りない部品を発注する計画を立てます。これにより、部品の供給が遅れることなく、生産が滞ることなく、工場はスムーズに自動車を生産できます。これにより、過剰な在庫を抱えることなく、必要な資材のみを効率的に調達できます。この方法は、資源の節約にもつながり、コスト削減に大きく寄与します。

SAPでは、これらの**計画を自動化し、より正確かつ迅速に行うことが可能**です。現実の在庫データや生産計画をシステムに入力することで、必要な資材の量や調達時期を自動で計算し、効率的な生産活動を実現します。このシステムを活用することで、企業は生産管理をよりスムーズにし、市場の変動にも迅速に対応できるようになります。SAPのMRPは、現代の生産活動に欠かせない支援ツールとして、多くの企業に利用されています。

■ MRP（資材所要量計画）の計算イメージ

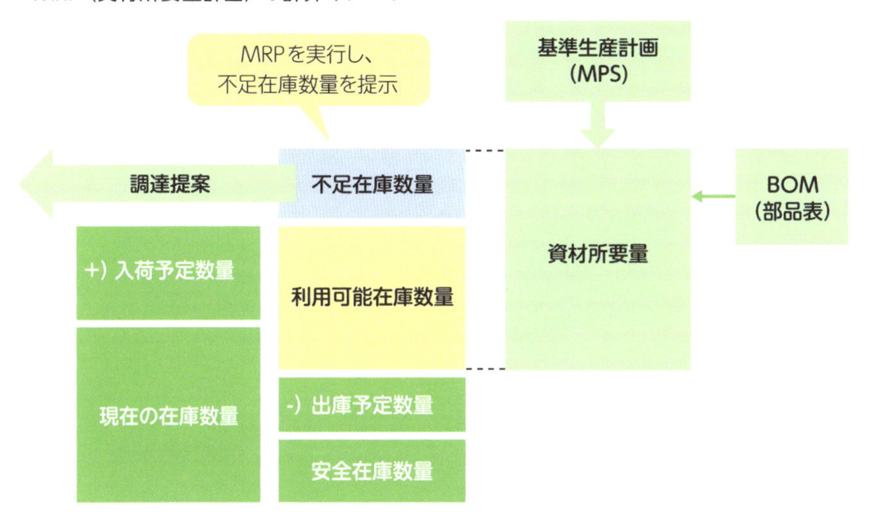

MRPの実行モードの拡張

SAP S/4HANAでは、MRP（資材所要量計画）の実行方法が大きく進化しました。従来のMRP方式に加えて、新しく**「MRP Live」モードと「予測MRP (pMRP)」モードが導入**されました。これらの新しいモードは、使いやすいSAP Fioriアプリケーションを通じて操作できます。

「MRP Live」モードは、現在の在庫状況と直近の調達ニーズを基に、必要な資材計画を立てます。一方、「pMRP」モードは、将来の需要予測を使って、先を見据えた資材計画をシミュレーションします。

特に**注目すべきは「MRP Live」モード**です。このモードは**HANAデータベース技術を活用し、在庫管理プロセスを大幅に効率化**しています。在庫数量の確認から発注処理まで、すべてを1つのデータベースで処理するため、システムの応答が格段に速くなりました。

さらに、S/4HANAには「MRPコックピット機能」という新機能も追加されました。これはSAP Fiori画面で利用でき、在庫状況を視覚的に把握できます。欠品が予想される日は赤く表示されるため、担当者はすばやく問題を察知し、対応できるようになりました。

■ MRPコックピットの画面

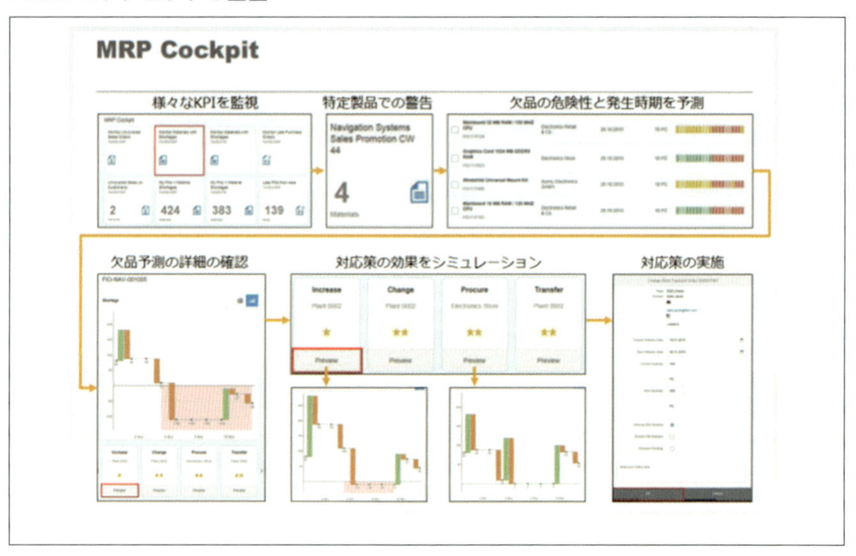

［出典：SAPジャパンの公式動画より画像転用］

欠品を解決するためには、欠品となる品目を選択するだけで、システムは自動的に対策案を提供してくれます。この対策案は、システム内のデータから納入リードタイムなど複数の情報を元に自動的に計算されます。また、対策を実行する前にシミュレーションを行うことも可能です。そして、実際に欠品に対する購買発注や在庫の移動指示など、対策を実行する手続きも簡単に行えます。これにより、欠品の管理と解決が効率的に行えるようになります。

製造管理の業務プロセスとシステム機能

製造管理は、製品を作る過程を詳細に管理することです。最初に「製造指図書」という計画書を作成し、それを基に工場の作業員に指示を出します。次に、作業員はこの指図書に従って決められた手順で製造作業を進めます。この過程で、作業の開始時間、担当者、作業の進行状況、問題の有無、終了時間など、さまざまな情報を記録します。また、使用した原材料の量や完成した製品の数も記録に含まれます。これらの記録を元に、品質を保ちながら作業の効率を高め、改善活動に役立てることが、製造管理の重要な役割です。

SAPの製造管理では、製造指図を通して行います。これは、何を、いつ、どのように作るかを決定します。たとえば、ある工場が特定の日に100個の椅子を作る場合、その椅子のデザイン、必要な材料、作業手順が「製造指図」に記載されます。この情報は、生産計画から引き継がれ、実際の生産の指示となります。

生産開始前に、必要な材料が十分にあるか、品質は適切かをチェックします。生産が始まると、使用した材料の量や作業の進捗状況がシステムに記録されます。これにより、在庫の管理も同時に行われます。たとえば、椅子を作るために使った木材の量が在庫から減り、完成した椅子の数が在庫に加わります。

最終的に、生産が終わったら「完了確認」を行います。これにより、実際の作業時間や生産量が確定し、製造指図に基づいた実績原価が計算されます。このデータは、財務管理にも役立ちます。

■ 製造管理の基本プロセス

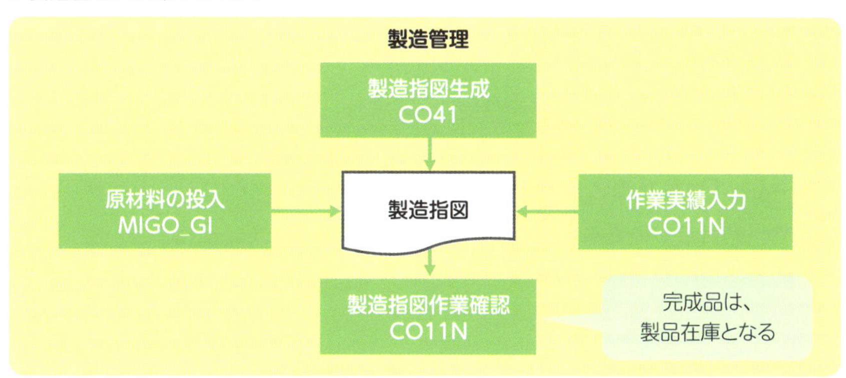

PPモジュールで使用する組織構造

PPモジュールで使用する組織は、プラント、保管場所の2つです。

プラント

プラントは、製造、保管、資材管理、メンテナンスなどの作業が行われる物理的な場所（工場や倉庫など）を表します。プラントは、生産の中心的な場所であり、製造指図の発行、材料の取得、在庫の管理、さらには最終製品の出荷までのすべてのプロセスがプラントに基づいて行われます。

保管場所

保管場所は、プラント内で「在庫を保管し、在庫数量の管理する場所」を表します。工場内における在庫のロケーションは保管場所で管理します。

PPモジュールで利用するマスタ

PPモジュールで利用する主なマスタデータは、製造プロセスによって異なります。ディスクリート生産向けのPP-DSと、プロセス生産向けのPP-PIでは、それぞれ異なるマスタが使用されます。**PP-DSではBOMや作業手順が中心**となり、個々の製品ごとに生産計画を立てます。一方、PP-PIでは**レシピマスタが使用**され、連続的な生産を管理します。それぞれの製造プロセスに合わせて、必要なマスタデータも異なる設計がされています。

品目マスタ

品目マスタでは、生産計画（MRP）に関連し、内製・外製の区分、リードタイム、ロット丸めなどの区分を設定します。特に、**生産対象の品目には「MRPビュー」と「作業計画ビュー」の設定が必要**です。これらのビューを使用することで、品目ごとに異なるプラントで独自の設定を行え、それにより各プラントで最適な運用ができます。

部品マスタ（BOM）

BOMマスタは、部品表のことで、製品の構成情報を管理するデータベースです。製品を作るために必要な部品や材料、その数量が登録されています。たとえば、スマートフォンを製造するにはディスプレイ、プロセッサー、バッテリーなどが必要で、それらの情報をBOMマスタに記録します。

BOM（Bill Of Materials、部品表）は、**1つの製品に関連するすべての部品や工程を詳細に示したリスト**です。これは製造業において非常に重要なものであり、製品の製造プロセスを正確に把握し、管理するために欠かせません。

SAPの生産BOMには主に3つの役割があります。**MPSやMRPへの展開、製造指図登録、そして標準原価計算**です。MPSやMRPでは最終製品の所要量から必要な半製品や原材料を算出し、製造指図登録ではBOMマスタの品目・数量情報を基に生産指図を作成します。標準原価計算では、材料費と加工費を基に製品の理論コストを計算します。

作業区マスタ

作業区マスタは、製造ライン、倉庫、工場のエリアなどの作業場所や生産能力を管理するマスタです。作業区マスタでは、作業で使用される設備や作業員などのリソース情報と作業スケジュール情報と品目情報を管理します。

作業手順マスタ

作業手順マスタは、製造工程の手順、時間、作業者情報を管理します。作業手順マスタの作業時間は、製造指示が登録される際に、基本数量に応じて、標準作業時間が製造指示に自動的に適用されます。作業手順マスタを登録する場合は、事前に作業区マスタを設定しておく必要があります。

製造バージョンマスタ

製造バージョンは、作業手順やBOM（部品表）、ロットサイズを組み合わせたプロセス管理のためのマスタです。1つの製品に対して複数の製造バージョンを登録することができます。**「S/4HANA」からはこの製造バージョンが必須のマスタ**となっています。たとえ、BOMと作業手順の組み合わせが1種類しかない場合でも、製造バージョンを定義する必要があります。

■ PPモジュール（PP-DS向け）で利用するマスタの全体構成

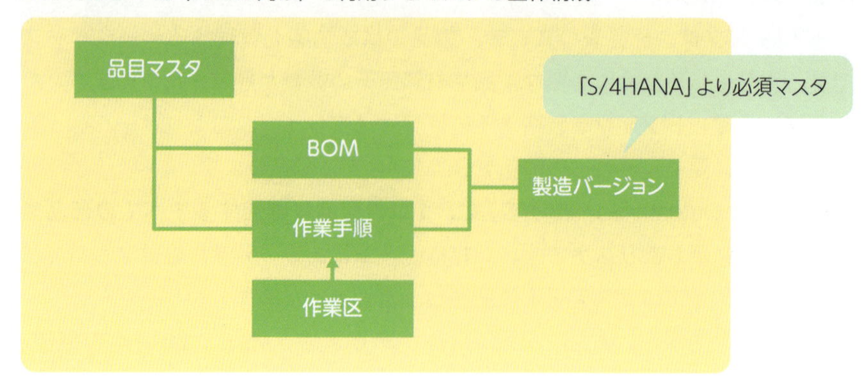

レシピマスタ

レシピマスタは、製造プロセスの「手順書」ともいえるデータで、製品の製造に関わるすべての要素（作業ステップ、設備、材料、条件など）を詳細に管理するマスタです。レシピマスタは、ディスクリート製造の作業手順マスタに相当するものですが、プロセス製造の特性に合わせて設計されています。

リソース（資源）マスタ

リソースは、生産プロセスにおいて使用される設備や人員、機械などを表します。これらを効率的に管理することで、製造プロセス全体の最適化が可能になります。リソースマスタには、設備の処理能力や稼働時間、作業者のスキルレベル、光熱費などのユーティリティコストといった基本情報が登録されます。また、段取り時間やクリーニング時間などの付随する作業時間も含まれます。

■ 製造プロセスによるマスタの違い

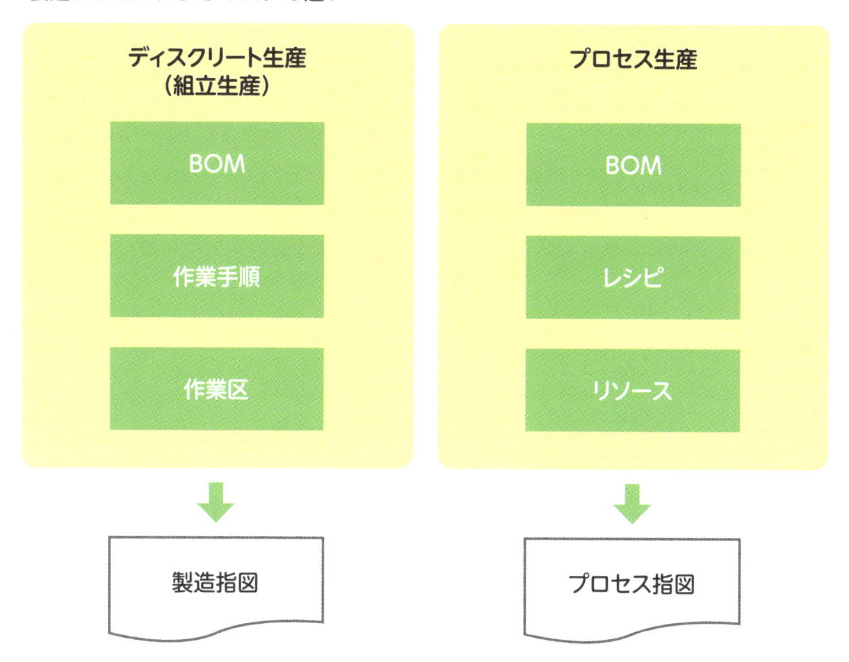

まとめ

- PPモジュールは、見込生産や受注生産など、あらゆる生産形態に対応し、生産計画や製造管理を効率的に行うことができます。
- 在庫量を基に補充量をリアルタイムで計算できる優れたMRP機能は、多くの企業で広く利用されています。
- PPモジュールで使用する組織は、プラント、保管場所の2つです。

21 品質管理（QMモジュール）

品質管理モジュール（QM：Quality Management　以下、QMモジュール）では、品質管理の実施と品質プロセスの継続的な改善を実施できるモジュールとなります。品質管理は、製造業で品質を保証し、競争力を高めるために不可欠な取り組みです。

品質管理とは

品質管理は、製品やサービスの品質を確保し、維持するための一連の活動やプロセスのことを指します。

品質管理の主な目的は、**製品やサービスが一貫して高品質であることを確保し、品質の問題を事前に防ぎ、不良品を最小限に抑えること**です。これにより、製品やサービスの信頼性が向上し、顧客満足度が高まります。逆に品質が低い場合は、顧客の信頼を損ね、結果として企業の競争力を低下させる恐れがあります。

そのため、品質管理は、製造業だけでなく、サービス業やソフトウェア開発などさまざまな分野で重要です。たとえば、食品業界では品質管理が食品の安全性を確保し、医療分野では品質管理が患者の安全を守る役割を果たします。

QMモジュールとは

QMモジュールは、**製造から出荷までの製品の品質を守るためのチェックツール**です。このモジュールを使うと、部品の受け入れから完成品の出荷まで、その品質をきちんとチェックすることができます。たとえば、部品供給業者から届いた部品が、組み立てラインに流れる前に、その品質が合格かどうかを確認することができます。これは、最終的に顧客に提供する製品の品質を確保するための大切な検収ステップとなります。

また、製品の不具合が報告された場合も、このモジュールで原因を追及することができます。不具合の原因が部品の品質にあるのか、組み立て工程にあるのか、それを明らかにすることで、同じ問題を繰り返さないための改善策を考えることができます。

品質のチェックは、自動で行うことも、手動で行うこともできます。たとえば、大量生産を行う工場では、自動での品質チェックが効率的です。一方、カスタムメイドの製品や特別な注文品に関しては、手動での詳細なチェックが求められることもあります。

QMモジュールを導入するメリット

プロセス管理と統合の強化

QMモジュールは、MM（在庫/購買管理）、PP（生産管理）、PM（プロジェクト管理）などの**他のモジュールと連携することで、業務プロセス全体の管理を強化**します。たとえば、検品により品質が良好と判断された製品は、出荷の準備を進めることができます。しかし、品質が基準を満たしていない製品は、再加工や修理などの対応が必要となります。この**全体的なシステム統合により、業務の標準化と効率化が促進**され、信頼性と一貫性が向上します。

品質計画とモニタリング

QMモジュールは**品質管理の計画を支援し、点検計画を提供**します。また、**品質に関する通知を使って、製造プロセスの監視と改善**作業を簡単に行えるようにします。これにより、供給業者や顧客からの苦情に迅速に対応し、常に一定の品質基準を維持することが可能になります。

自動化と顧客満足度の向上

QMモジュールは、顧客に製品を配送する際、品質証明書を自動で作成します。これにより、**手間を省きつつ、製品の品質を明確に示すことができ、顧客の満足度を向上**させます。さらに、このシステムは品質に関する通知を自動的に行い、問題があればすぐに修正措置を取ることができます。これにより、**製品の品質が向上し、顧客の信頼と満足度がさらに高まります**。

品質管理の業務プロセスとシステム機能

QMモジュールは、購買や生産によって入庫した在庫全般に対し、品質検査を計画・実施します。またQMモジュールは、**品質検査計画・品質検査・使用決定**という3つのプロセスで構成されています。

■ 品質管理の基本的なプロセス

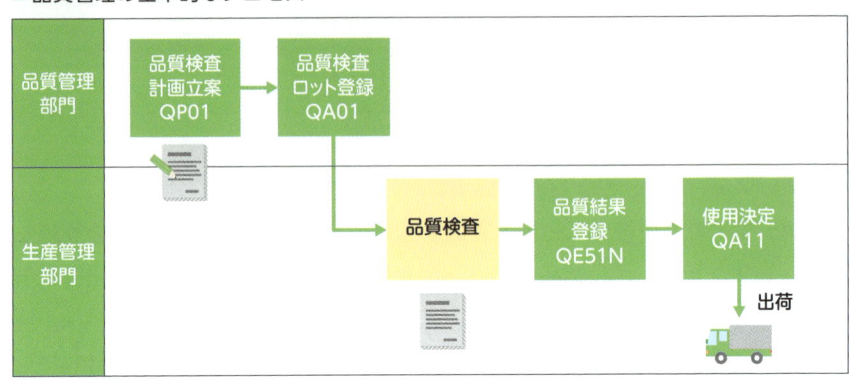

品質検査計画

製品ごとに必要な品質の基準を設定します。これには色や成分、効能の量、耐久性など、さまざまな項目があります。たとえば、自動車の製造では、塗装の均一さやエンジンの性能などが品質項目になります。SAPでは、これらを「品質検査特性」と呼び、製品ごとに基準値や上下限値を定めます。次に、これらの**品質検査特性を組み合わせて、製品全体の品質基準を作ります**。これが「品質検査計画」と呼ばれるもので、検査方法や必要な機器も含まれます。

品質検査

SAPでは、**品質検査が重要な役割を果たします**。製品や原料が定められた基準を満たしているかどうかを確かめるために、品質検査を行います。この検査のために、まず**「品質検査ロット」という単位を設定**します。これは、検査するための単位であり、在庫管理のロット番号とは違います。たとえば、食品工場であれば、製品の成分や保存期間が基準を満たしているかをこのロットで検査します。

検査ロットは、購入した原料の受け入れ時や製品の製造が終わったときに生成されます。検査結果は、それぞれの検査ロットに対して記録され、「結果記録」と呼ばれます。検査項目には定性的なものと定量的なものがあり、それぞれに合否や数値を記入します。

使用決定

そして、すべての検査結果が出揃ったら、検査ロット全体の合否を決める「使用決定」を行います。これが**製品の品質合否を決める**ことになります。

QMモジュールでは、これらの**検査結果を記録し、製品が品質基準に適合しているかどうかを評価**します。もし基準を満たさない製品が見つかれば、原因を調査し、品質改善のための措置を講じます。このように、QMモジュールを利用することで、製品の品質管理が効率的かつ正確に行えるようになります。また出庫にあたり品質検査の結果を証明するための品質保証書を作成することもできます。これにより、企業は製品の品質を客観的に証明し、信頼を築くことができます。

まとめ

- **QMモジュールは、製造から出荷までの品質管理を行い、部品受け入れから完成品出荷までの品質をチェックします。**
- **QMモジュールは、他のモジュールと連携して業務プロセスを強化し、品質管理の計画とモニタリングを支援します。**
- **QMモジュールは、在庫の品質検査を計画・実施し、品質検査計画、品質検査、使用決定の3つのプロセスで構成されています。**

6章

販売ロジスティクス

販売ロジスティクスは、完成した製品を顧客に迅速かつ効率的に届けるためのプロセスを指します。このプロセスには、製品の梱包、出荷、配送、在庫管理、顧客への納品などが含まれます。販売ロジスティクスがうまく機能すると、顧客は必要な商品をタイムリーに受け取ることができ、顧客満足度が向上します。ここでは、販売ロジスティクスを支えるSDモジュールとLEモジュールについて解説します。

22 販売管理（SDモジュール）

販売管理モジュール（SD：Sales and Distribution　以下、SDモジュールと記載）は、企業の販売プロセスを全面的にサポートするモジュールです。顧客からの注文管理、在庫や出荷の管理、請求や収益の追跡などを一元的に行えます。

販売管理とは

販売管理業務は、顧客とのやり取りと商品やサービスの提供を円滑に行うための一連のプロセスです。顧客からの問い合わせや見積もり依頼の対応、注文の受付やデータ入力、商品の出荷手配、そして最終的に請求処理までを含みます。これらの活動を通じて、**効率的かつ効果的に顧客満足度を高め、ビジネスの流れを円滑に保つこと**が目的です。

SDモジュールとは

SDモジュールは、**販売管理に特化したモジュール**です。このモジュールは、製品やサービスの見積作成から販売、さらにはサービスの提供までの一連の業務をサポートします。

■SDモジュールの全体像

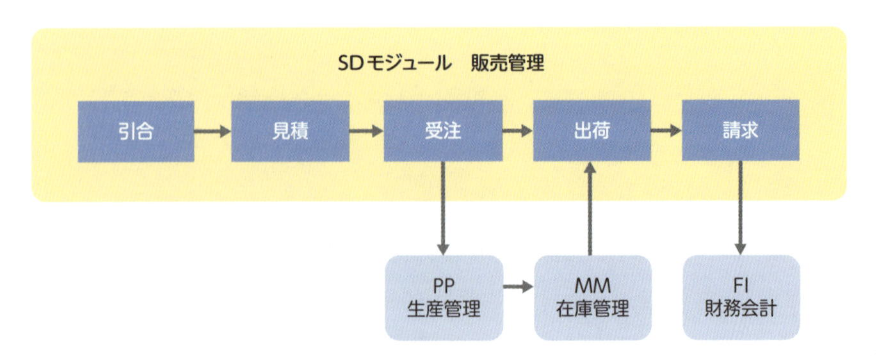

具体的には、顧客からの問い合わせ、見積作成、受注、商品の発送、請求処理の全過程を統合的に管理します。これにより、バックオフィス業務の効率化が可能になります。また、返品や入庫、請求の調整なども含めて、これらすべてのプロセスを**財務会計のFIモジュールと連携して一元的に管理**することができます。

SDモジュールを導入するメリット

販売物流全体の業務効率の向上

SDモジュールは、**注文処理、在庫管理、請求書の作成などが自動化**され、手作業によるエラーが減少し、業務の効率が大幅に向上します。SDモジュールを使うことで、注文データの入力ミスが減り、出荷スケジュールの調整が迅速に行えるようになります。また、請求書の自動生成により、**請求プロセスの時間とコストが削減**され、全体の業務効率が大幅に向上します。

顧客満足度の向上と顧客関係の強化

SDモジュールは、顧客の情報にすばやくアクセスして、注文を正確に処理することができます。このため、**顧客体験が向上し、結果として顧客満足度も向上**します。さらに、異なる顧客ごとに価格や割引を柔軟に設定できるので、それぞれの顧客ニーズに合わせた対応ができるようになります。

また、顧客データを一元管理することで、顧客の購入履歴や嗜好を把握しやすくなり、パーソナライズされたサービスやマーケティングが可能になります。

売上と利益の増加につながる意思決定のサポート

SDモジュールは、**販売データに関するリアルタイムのデータ分析を提供**し、ビジネスの意思決定を支援します。**在庫、販売、収益に関するデータの可視性が高まることで、より効果的なビジネス戦略の立案が可能**になります。具体的には、在庫管理の最適化、適切な価格設定、効果的な販売戦略の策定などにより、売上の増加とコストの削減が期待できます。これにより、全体的な利益が向上します。

SDモジュールの業務プロセスとシステム機能

SDモジュールは、受注、出荷、請求の3つのプロセスで構成されています。

■販売管理の基本プロセス

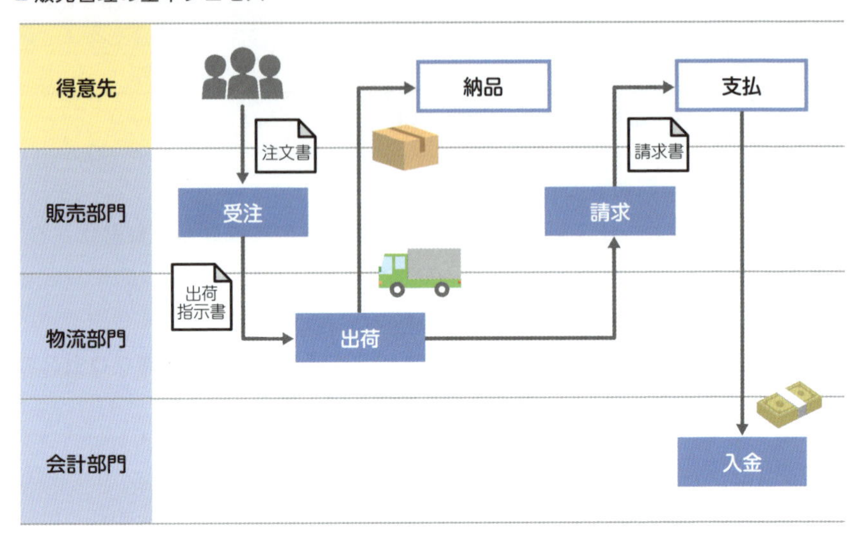

受注管理

受注管理プロセスでは、まず得意先からの注文情報（品目、数量、出荷先、出荷日など）を受注伝票に入力します。入力される情報には、あらかじめ登録された**品目マスタやBPマスタ（得意先マスタ）からの情報も参照され、自動的に各種項目が設定**されます。これには在庫の確認や価格の決定も含まれます。具体的には受注時の在庫の有無をMMモジュールで即座に確認でき、在庫がなければ受注状態でフローをストップさせることも可能です。

通常は特定の受発注システムを通じて自動的に受注伝票が登録されることが多いですが、時には電話やFAXでの注文を受けることもあります。そうした場合には、手動で受注入力することも可能です。

出荷管理

出荷管理プロセスでは、まず**「受注伝票」を基にして「出荷伝票」が作成**されます。この段階で、出荷する製品のロット（出荷単位）が自動的に決定され、出荷のための詳細な情報が確定されます。この情報に基づき、出荷指図（出荷の指示）や納品書が作成されます。出荷が完了すると、出荷済みの伝票情報に基づいて在庫が更新され、出荷された分の在庫が引き落とされます。

■ 出荷時の自動仕訳

借方	貸方
売上原価	製品在庫

請求管理

請求管理プロセスでは、出荷伝票を元に請求伝票を登録し、売上を計上します。売上を計上した場合は、FIモジュールに連携されます。FIモジュールでは、得意先の売掛金勘定が借方転記され、収益勘定が貸方転記されます。また、請求処理は、都度請求と月締め請求のいずれにも対応しております。

■ 債権計上時の自動仕訳

借方	貸方
売掛金	売上 借受消費税

■ 伝票作成の流れ

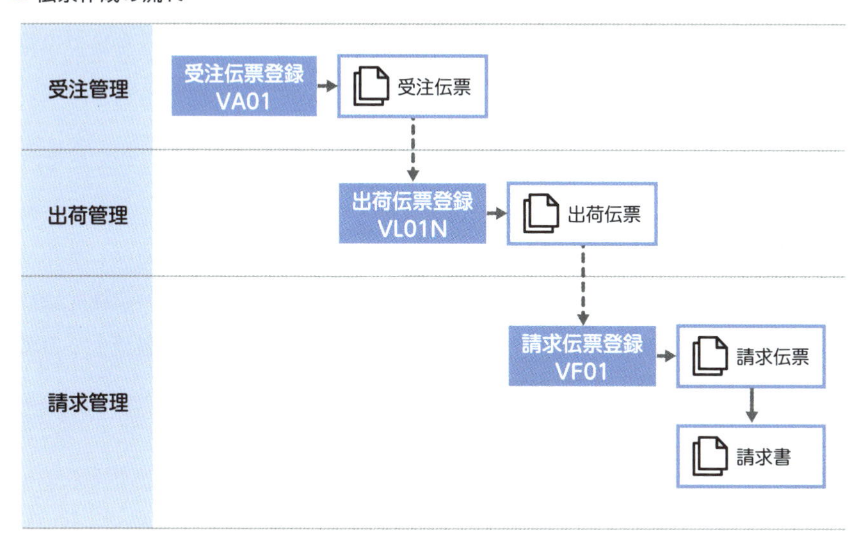

SDモジュールで使用する組織構造

SDモジュールで使用される組織構造について説明します。

■ SDモジュールで使用する組織構造

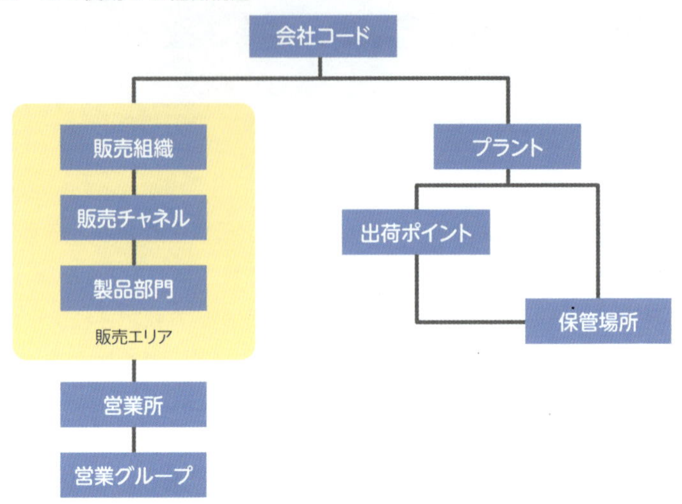

販売組織

販売組織は、会社単位または事業部単位に設定し、地域別、国別、または国際的な市場の区分を考慮して設定する必要があります。受注から入金までの処理を行う場合は、少なくとも1つの販売組織を設定する必要があります。

流通チャネル

流通チャネルは、商品を顧客に届ける手段となる流通経路や販売方法となります。たとえば、卸売り、小売り、インターネット販売などが流通チャネルの具体例です。SAPでは、これらの異なる流通チャネルを1つの販売組織に結びつけることが可能です。また、**SDモジュールを使うためには、最低1つの流通チャネルを設定**する必要があります。

製品部門

製品部門は、商品やサービスを分類するために使われるカテゴリのことです。

品目をグルーピングした単位で設定します。たとえば、自動二輪車を扱う販売組織では、「自動二輪車」、「予備部品」、「サービス」などが製品部門の例となります。1つの販売組織が、複数の製品部門を管理することもあります。

ちなみに製品部門は、販売エリア内でどの商品やサービスが提供されているかを明確にするために使用されることがあります。たとえば、製品部門は「自動車」や「家電製品」といった製品グループを指すことができます。この分類により、特定の製品部門に対する顧客との価格契約を設定することが可能になり、製品部門ごとに売上や市場動向などの統計分析を行うこともできます。

販売エリア

販売エリアは、販売組織、流通チャネル、製品部門が組み合わさったものです。これにより、特定の製品部門の商品を、どの流通チャネルを通じて販売するかが決まります。たとえば、ある販売エリアでは、特定の製品を、小売チャネルを通じて販売するといった具合です。

■ 販売エリアのイメージ

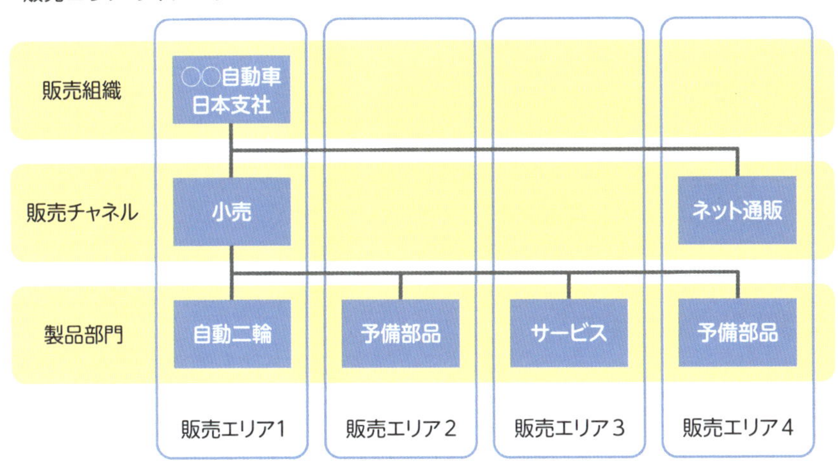

SAPの販売プロセスにおいて、各販売伝票は、1つの販売エリアにのみ割り当てられます。**この割り当ては後から変更することができません**。また、販売エリアは、1つの会社コードに属し、これらは、販売組織を組織レベルで設定することで行われます。

販売伝票を処理する際、販売エリアに基づいてマスタデータ（顧客情報や製品情報などの基本データ）が使用されます。これにより、販売エリアごとに異なる条件やポリシーに基づいた販売活動が可能になります。

プラント

販売管理におけるプラントは、出荷プラントの位置づけとなります。プラントは、販売組織と流通チャネルの組み合わせに割り当てられます。複数のプラントを1つの組み合わせに割り当てることができます。

保管場所

プラントは、在庫を保有する場所です。プラントの下に在庫数量を把握する単位として「保管場所」を設定することができます。

出荷ポイント

出荷ポイントとは、商品が出荷される場所を指します。商品が「どこから」発送されるかを示し、輸送の出発点となります。出荷ポイントは、複数のプラントや保管場所に関連付けられ、出荷活動の管理を行う最上位の組織単位です。各出荷伝票は、1つの出荷ポイントで処理されます。

SDモジュールで主に利用するマスタ

SDモジュールで使用される品目マスタ、BPマスタ（得意先）、条件（価格）マスタについて説明します。

品目マスタ

SDモジュールでは、「見積書」、「注文書」、「納品書」、「請求書」などの販売関連の文書の作成において、品目マスタからの情報が活用されます。品目マスタには、製品の名称、価格、税率、単位、割引情報などが管理されており、「注文書」や「請求書」を作成する際、これらのデータが自動的に参照されます。

BPマスタ（得意先マスタ）

ビジネスパートナーを登録し、その中で「得意先」としてのロールを割り当てます。この得意先ロールには、販売管理に関連するデータが含まれており、それは特定の販売エリア（販売組織、流通チャネル、製品部門）ごとに適用されます。得意先ロールには、注文受付、商品の出荷、請求処理、得意先からの支払処理などに必要なすべてのデータが含まれています。得意先マスタには顧客の基本情報（名称や住所）や取引条件などの詳細が記録されます。

条件（価格）マスタ

SAPの条件マスタは、商品やサービスの価格情報を管理する価格マスタです。SAP独自の「条件テクニック」という方法を用いて、これらの情報を関連付けて保持します。価格マスタには基準額や運賃、値引きといった「条件タイプ」ごとに価格情報が登録されます。実際の業務では、事前に作成された条件マスタから、受注伝票作成時に販売単価が自動的に提示されるため、価格入力の手間が大幅に削減されます。

■ 条件マスタのイメージ

販売組織	販売チャネル	得意先	品目	価格
東京支店	卸売	山田酒卸	ウィスキー	1,600円
東京支店	小売	田中酒店	ウィスキー	2,000円
大阪支店	小売	佐藤酒店	ウィスキー	1,900円

同じ商品（品目）であっても、販売組織や販売チャネル、得意先の組み合わせで異なる価格設定ができる

まとめ

- **SDモジュールは、企業の販売プロセス全体を管理するモジュールで、注文や出荷、請求業務を一元化します。**
- **SDモジュールは、受注、出荷、請求の3つのプロセスで構成されています。**

23 物流管理（LEモジュール）

物流管理モジュール（LE：Logistics Execution　以下、LEモジュールと記載）は、企業の物流プロセスを全面的にサポートするモジュールです。LEモジュールを利用することで物流・在庫の適正化が図れます。

物流管理とは

製品や原材料の調達から、保管、輸送、そして最終的に顧客への配送までの一連の流れを効率的に管理することを指します。**適切な物流管理は、コスト削減、顧客満足度の向上、そして競争力の強化**につながります。

LEモジュールとは

LEモジュールは、企業の物流業務を効率的に管理するためのモジュールです。このモジュールは、商品の保管から配送まで、物流に関わるさまざまな業務をサポートします。

LEモジュールを導入するメリット

業務プロセスの効率化と生産性向上

LEモジュールは**物流プロセスを自動化**し、作業ミスを減らして時間を短縮します。**倉庫管理や輸送計画の最適化**により、**作業効率が向上**し、配送時間とコストが削減されます。結果的に、**生産性が向上**し、処理能力が増加します。

リアルタイムの在庫可視化とコスト削減

LEモジュールはリアルタイムで正確な在庫情報を提供し、**在庫レベルを最適化**します。**過剰在庫や在庫切れを防ぎ、在庫回転率を向上**させます。また**精度の高い需要予測**により、調達や生産計画も最適化しこれらにより、**物流コス**

トを大幅に削減できます。

顧客満足度の向上と競争力強化

LEモジュールは**出荷の正確性と配送の迅速性を向上**させ、顧客満足度を高めます。正確な納期回答、効率的な出荷処理、最適な配送ルート、そしてアフターサービスの質的向上により、**顧客ロイヤリティが強化**されます。結果として、リピート注文の増加や新規顧客の獲得につながり、**競争力が強化**されます。

LEモジュールの業務プロセスとシステム機能

LEモジュールは、MMモジュールから分離した倉庫管理とSDモジュールから分離した出荷管理と輸送管理で構成されています。最新の「S/4HANA」では、LEモジュール自体が廃止され、サプライチェーンのソリューションの一部に変更されています。とはいえ、基本的な機能構成に大きな変化はありませんので、主要なシステム機能について説明します。

■ LEモジュールの主要機能

倉庫管理

倉庫管理は、商品や原材料を適切に保管し、必要なときにすばやく出庫できるようにする機能です。商品や原材料を入庫し、倉庫内で適切に管理します。出庫指示に基づき、商品や原材料をピッキングし、出庫します。在庫確認機能でいつでも在庫の状況を把握することができます。

出荷管理

出荷処理では、商品を倉庫から出荷し、また新しい商品を受け取る際の作業を管理します。どの商品をいつ、どこへ送るかの出荷指示を作成します。

輸送管理

輸送管理は、商品を目的地まで効率よく運ぶための計画を立て、実行する機能です。最適な運送ルートや方法を輸送計画とトラックやコンテナにどう荷物を積むかの積載計画を立案します。追跡管理では商品がどこにあるかリアルタイムで把握することができます。

クラウドとAIが変える：新時代のSAPサプライチェーン管理

SAPのサプライチェーンソリューションは、以前のLEモジュールから大きく進化しました。現在は、調達から製造、配送まで全プロセスを包括的に管理し、より統合されたアプローチを取っています。

クラウドベースのSAP S/4HANAやIntegrated Business Planningの導入により、リアルタイムデータ処理と柔軟な運用が可能になりました。また、機械学習やAIを活用した高度な分析機能により、需要予測や在庫最適化の精度が向上しました。さらにサプライチェーン全体の可視性が高まり、原材料調達から顧客への配送まで一元管理できるようになりました。サプライヤーや顧客との協働を強化する機能も追加され、より効率的な管理が実現しています。

これらの変更により、SAPのサプライチェーンソリューションは、単なる物流実行ツールから、ビジネス全体の最適化を支援する包括的なプラットフォームへと進化しています。

まとめ

- LEモジュールは、企業の物流プロセス全体を効率化し、最適化するためのモジュールです。
- LEモジュールは、倉庫管理、出荷管理、輸送管理で構成されています。

7章

「カネ」を管理する会計管理

会計管理は、企業がお金の出し入れを適切に管理する業務です。これは企業の財務健全性と事業の継続性に不可欠であり、適切な資金管理と財務報告の透明性が求められます。この章では会計領域の主要モジュールについて解説します。

24 会計領域の全体構成

会計領域において利用されるモジュールは、おおまかに財務会計と管理会計に分類されます。それぞれのモジュールは、企業の財務計画や財務分析、そして会計管理や決算処理など、さまざまな会計業務を包括的にカバーしています。

財務会計（FI）

財務会計は、**企業の財務状況や経営の成績を国や投資家等に報告**するためのモジュールです。日常の取引から財務報告まで、幅広い業務をカバーしています。売上や支出、利益などの財務活動を会計情報として記録し、会社がどのくらいのお金を得て、どのくらい使っているかを把握することができます。

管理会計（CO）

管理会計は、企業が**内部向けにお金の使い方（予算）を計画したり、業績分析**したりするためのモジュールです。内部の業績管理用として事業や部門などの管理単位で費用や収益の管理などを行います。たとえば、どの商品が最も利益を上げているか、どの部門が最もコストをかけているか等、会社内部で報告・管理するための情報を把握することができます。

財務/資金管理（TR）

企業の**資金管理やリスク管理を支援**するモジュールで、現金管理、銀行間取引、証券管理、債務管理などの機能を提供します。これにより、企業の資金繰りやリスクコントロールが効果的に行えます。

経営管理（EC）

企業全体の管理会計をサポートするモジュールで、財務会計と連携して経営管理を行います。利益センタ会計、製品原価計算、予算管理などの機能が含まれ、企業の収益性やコスト管理を最適化できます。

■ 会計領域の全体像

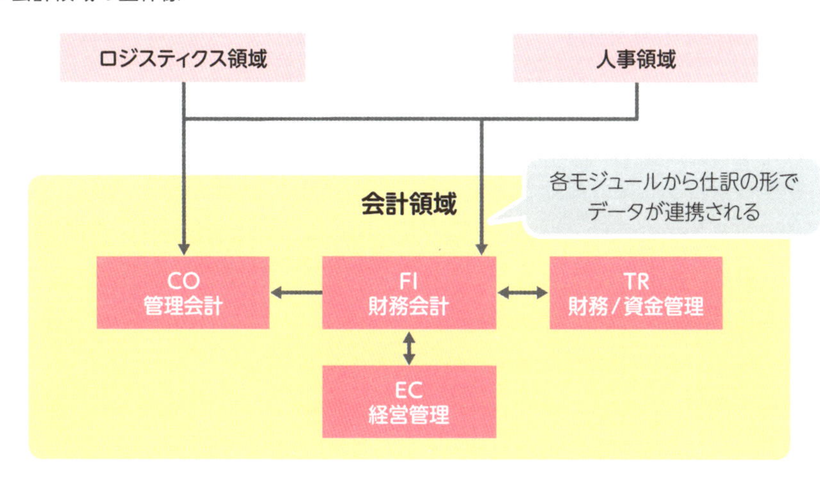

まとめ

- 会計領域の主なモジュールとして財務会計（FI）と管理会計（CO）があります。
- 会計領域には、ロジスティクス領域や人事領域から仕訳の形式で収支に関する金額情報が集まってきます。

25 財務会計（FIモジュール）

財務会計モジュール（以下、FIモジュールと記載）は、社外向けの外部報告を目的として決算書類である財務諸表を作成します。

財務会計とは

財務会計は、企業の資金の流れや経済的な状態や企業の業績を評価し、社外に報告するための不可欠なプロセスです。財務会計の主な目的は、**企業の財務状況を客観的かつ一貫性のある会計ルールで評価し、外部の利害関係者に対して企業の財務情報を報告すること**にあります。ここでいう利害関係者とは、投資家（株主）、債権者、公的機関、銀行などを指します。

財務会計では、会社の収益、費用、資産、負債などの重要な要素を会計帳簿に記録し、これらの情報を、財務諸表として利害関係者に対して提供します。財務諸表は、一般的に「決算書」とも呼ばれ、特に、**貸借対照表、損益計算書、キャッシュフロー計算書の3つを「財務三表」**といいます。

■ 財務三表

財務三表	貸借対照表（B/S）	貸借対照表は、ある特定の時点での企業の財務状況を示します。特定時点における資産、負債、純資産の情報を提供します
	損益計算書（P/L）	損益計算書は、特定の期間内（通常は1年間）に企業が得た収益と支出を示します。その結果、その期間の利益または損失が計算されます
	キャッシュフロー計算書	キャッシュフロー計算書は、特定の期間内に企業の現金の動きを示します。つまり、現金がどのように流入し、流出したかをキャッシュフローの流れを示します

FIモジュールとは

FIモジュールは、**企業の財務情報を管理し、正確な財務報告レポートを作成**するためのモジュールです。このモジュールは、売上、費用、資産、債務等の企業のすべての財務取引を記録し、貸借対照表や損益計算書などの社外向けの財務諸表を作成します。FIモジュールは、5つのサブモジュールで構成されています。

総勘定元帳（FI-GL）

「総勘定元帳（FI-GL）」は、**企業の会計取引をすべて記録**するサブモジュールです。債権管理や債務管理といった会計補助元帳や在庫等のロジスティクス情報とリアルタイムで統合されているため、最新の会社のすべてのお金の動きをリアルタイムで見ることができます。GLは、会計帳簿（General Ledger）の略です。

債権管理（FI-AR）

「債権管理（FI-AR）」は、自社が商品を売った代金で、**未回収のもの（主に売掛金）を管理**するサブモジュールです。このモジュールを使用することで、売掛金が、いつ、誰から支払われるべきかを把握することができます。一般的に「得意先元帳」と呼ばれる得意先別の債権情報を管理します。ARは、債権（Accounts Receivable）の略です。

債務管理（FI-AP）

「債務管理（FI-AP）」は「債権管理（FI-AR）」の反対で、会社が仕入先や調達先に対して**支払わなければならないお金の情報（債務）を管理**するサブモジュールです。このサブモジュールでは、自社が仕入れた商品の代金（買掛金）をいつ、誰に支払うべきかを把握することができます。一般的に「仕入先元帳」と呼ばれる仕入先別の債務情報を管理します。APは、Accounts Payable（債務）の略です。

固定資産管理 (FI-AA)

「固定資産管理 (FI-AA)」は、複数年にわたって利用できる、建物や車、ソフトウェア等の資産(固定資産)を管理するサブモジュールです。固定資産は複数年にわたって使用されるため、その使用に伴う費用を数年にわたって分割して計上することができます。AAは、Asset Accounting(資産会計)の略です。

資金管理 (FI-CM)

「資金管理 (FI-CM)」は、企業が持っている**現金や銀行口座の情報を管理**するサブモジュールです。どれだけのお金が手元にあるのか、またそのお金をどう使うべきかを考えるために必要な情報を把握することができます。CMはCash Management(資金管理)の略です。

■ 財務会計モジュールの全体像

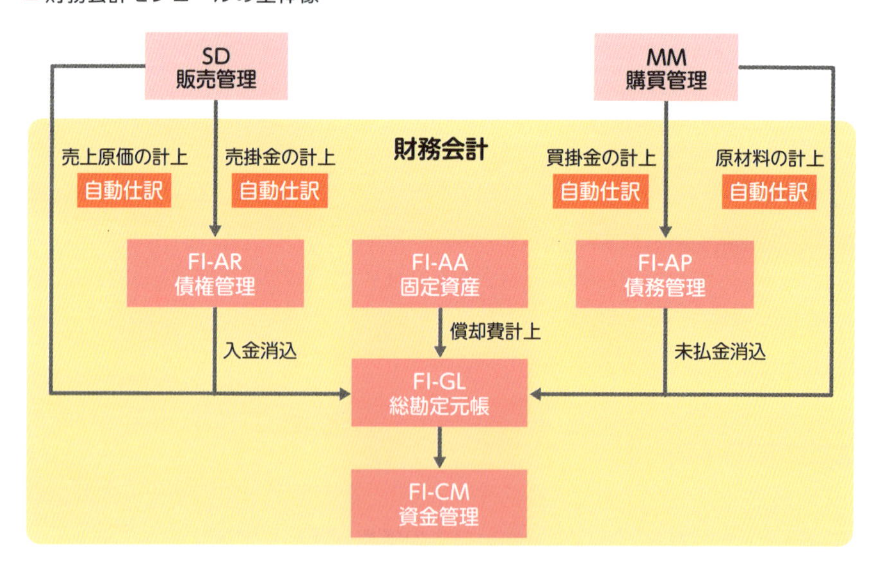

総勘定元帳 (FI-GL)

「総勘定元帳 (FI-GL)」は、日々発生する会社のお金の取引を仕訳という形で記録し、整理するためのサブモジュールです。日々発生する会社のお金に関する入出金の取引をきちんと記録する帳簿であり、会社のお金に関する家計簿のような位置づけとなります。

具体的には、企業がお金を受け取った額（これを収入と呼びます）、支払った額（これを支出と呼びます）、そしてその結果、現在の資金残高（これを残高と呼びます）など、企業の財務取引すべてが総勘定元帳に記録され、管理されます。

総勘定元帳には、「資産」と「負債」と「資本」、「収益」と「費用」など、お金の動きを表すさまざまな項目（勘定科目マスタ）と各取引の金額が会計仕訳として記録されます。総勘定元帳（FI-GL）は企業のすべての会計情報を一元管理しているサブモジュールで、**FIモジュールの中核的な役割**を担っています。

伝票入力機能

SAPの場合、他モジュールからの自動仕訳で多くの会計伝票が登録されますが、直接、会計側で伝票を起票したい場合は、FI-GLの伝票機能を使用します。

決算処理機能

決算処理機能として残高繰越があります。残高繰越とは、会計年度末に、GL勘定を翌年度に引き継ぐことを指します。具体的には、BS勘定については翌会計年度期首のBS残高に金額を引き継ぎます。PL勘定については翌会計年度期首の「未処分利益勘定」に金額を引き継ぎます。

財務レポート機能

FI-GLでは、これらの会計情報を使って、さまざまな財務レポート（財務報告書）を作成することができます。勘定残高試算表（TB）や貸借対照表・損益計算書は、標準レポートとして提供されています。

■ FI-GLの主な機能

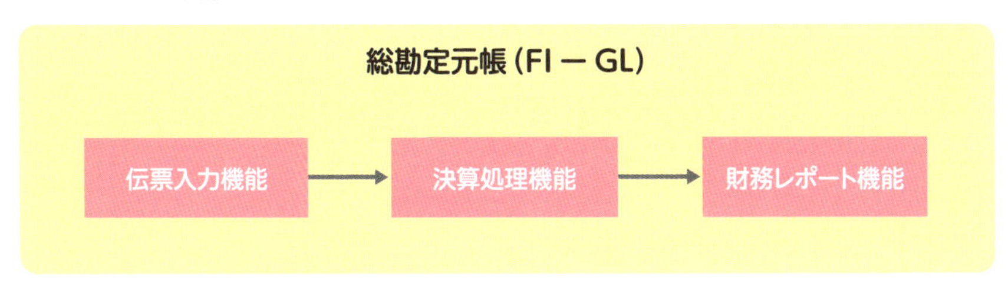

債権管理（FI-AR）

「債権管理（FI-AR）」は、会社が売上を計上した際に、お金をちゃんと受け取れているかを管理するサブモジュールです。ここでは、会社が商品やサービスを提供した後に顧客から受け取るべきお金、つまり**債権である「売掛金」を記録し、管理**します。

「売掛金」は、会社が商品やサービスを提供したけれども、まだお金を受け取っていない状態を指します。たとえば、会社が商品を提供したのに得意先が後日、支払うと約束した場合、そのお金は売掛金として記録されます。FI-ARモジュールでは、販売部門が担当する販売については、**SDモジュールの販売プロセスで計上した請求伝票により売掛金が計上され、会計仕訳が自動生成**されます。

計上した債権をきちんと管理するため、SAPでは「統制勘定」を利用します。「統制勘定」は、補助元帳に転記されると同時に総勘定元帳に転記される勘定です。統制勘定として勘定コードを設定することで、消込管理の対象にすることができます。

債権管理の役割は、この売掛金が正確に管理され、適時に回収されることを確認することです。これにより、会社は販売した商品や提供したサービスに対してきちんとお金を受け取ることができ、会社の財務状況を健全に保つことができます。

入金消込

入金消込は、顧客や取引先から受け取ったお金（入金）と、企業が請求書などで請求している売掛金とをマッチングさせる作業のことを指します。SAPでの**入金消込は、マニュアル消込と自動消込があります**。

マニュアル消込

SAPでは、1つ1つの取引を手動で消込するための画面が提供されています。これは、具体的な取引を選んでマッチングし、お金を請求書に対して消込入力する方法です。

自動消込

自動消込機能は、締め請求機能を使用している場合に活用できます。この機能を利用すると、システムが振込元口座情報などの条件を基に、自動的に入金を対応する請求書に割り当てます。これにより、手動作業を減らし、エラーを防ぎながら効率的に入金消込を行うことができます。

■ FI-ARの主な機能

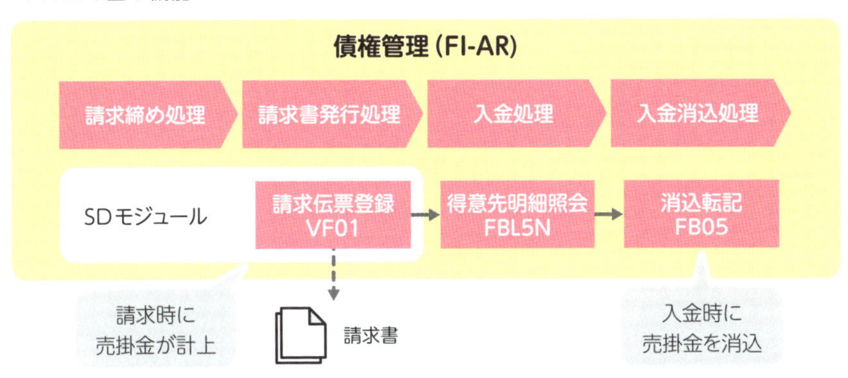

債務管理（FI-AP）

「債務管理（FI-AP）」は、会社が仕入先や調達先にどれだけお金を払うべきかを管理するサブモジュールです。ここでは、**債務である「買掛金」や「未払金」を記録し、管理**します。

「買掛金」は、会社が他の会社から商品やサービスを受け取ったけれども、まだお金を払っていない状態を指します。たとえば、会社が仕入れた商品の代金を後で払うと約束した場合、その代金は買掛金として記録されます。

債務管理の役割は、この買掛金が正確に記録され、適時に支払われることを確認することです。これにより、会社は自分がどれだけのお金を仕入先に払うべきかを把握することができ、またその支払いがきちんと行われることを確認できます。

FI-APモジュールでは、購買部門が担当する購入については、**MMモジュールの購買プロセスで計上した伝票により買掛金が計上され、会計仕訳が自動生成**されます。

支払確認処理

仕入先明細照会機能を利用して、仕入先勘定の伝票明細を照会することができます。会計伝票単位の債務情報が一覧で表示されます。

支払処理

銀行振込のため、銀行に送信する全銀協フォーマットに従ったフォーマットでの振込データ（FBデータ）を作成することができます。作成後、ファームバンキング等を利用して銀行に振込データを送って振込を実施します。

■ FI-APの主な機能

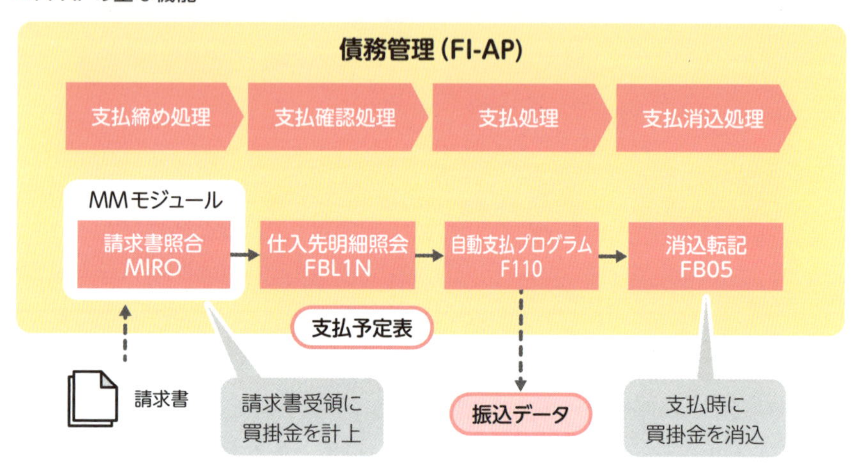

固定資産管理（FI-AA）

「固定資産管理（FI-AA）」モジュールは、会社が所有する長期的に使うための価値あるもの、つまり固定資産を管理するサブモジュールです。固定資産とは、建物や機械、コンピュータなど、会社が事業を行うために必要な大きな財産（無形固定資産・有形固定資産・リース資産も含む）のことを指します。固定資産は、資産マスタで管理されます。

FI-AAモジュールでは、**固定資産の購入、使用、そして売却や廃棄といったすべての処理プロセスを管理**します。これにより、会社は固定資産の簿価（現在の価値）と、その価値が時間とともにどのように変化しているか（これを「減価償却」といいます）を把握することができます。減価償却については、異なる基準に合わせて償却費の計算を行うことができます。具体的には、税法、会社法、IFRS（国際財務報告基準）など、さまざまな基準に従った減価償却をサポートしています。

また、FI-AAモジュールは、日本固有の税法にも対応しており、減損処理や償却資産税申告処理など、**日本の法律要件に従って固定資産の償却ができます**。

償却処理／減損処理

減価償却を毎期実行し、減価償却費を転記する必要がありますが、**「S/4HANA」では資産マスタの更新時や資産取引の登録時にリアルタイムに償却記帳が実行**されます。定期償却処理を実行しなくても、リアルタイムに資産残高を把握できます。

■ FI-AAの主な機能

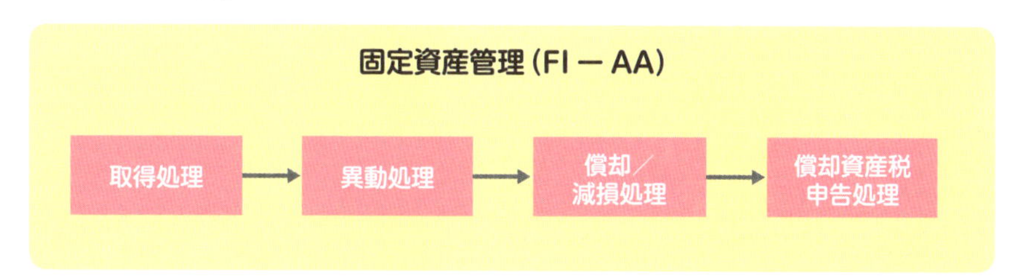

資金管理（FI-CM）

「資金管理（FI-CM）」は、会社が持っている資金の流れを管理するサブモジュールです。資金管理は、経理部門の業務の中でも重要な業務です。資金管理では**資金調達や資金繰り計画を立案するための情報を管理**します。

このサブモジュールには、資金管理ポジションと流動性予測の機能があります。

資金管理ポジション

入出金日で銀行口座残高を管理します。資金管理ポジションは、日次ベースの資金残高を管理し、現預金残高の短期的な予測です。

流動性予測

流動性予測は、債務データや債権データを元にした中期的な資金繰りの予測です。得意先からの入金や支払先への振込予定から入金と支出の予測値を表示することができます。資金の流動性は、資産や投資の容易な形態で現金に変換できる度合いを指します。つまり、流動性は、資産を現金に変えるための効率性や速さを示す概念です。

FIモジュールで使用する組織構造

FIモジュールで使用する組織構造として会社コード、事業領域、セグメント、利益センタが、原価センタあります。

会社コード

会社コードは、法的実態のある法人単位に設定します。会社コードは「財務諸表」を出力する単位となります。

会社コードを設定することで、各法人の財務情報を区別し、それぞれの企業の財務レポートを作成することができます。会社コードは、企業の法的要件や会計原則に基づいて設定され、財務諸表の正確性と法的遵守を確保するのに役立ちます。

事業領域

事業領域は、会社コードよりも細かい単位で財務諸表を作成したい場合に設定します。事業領域は、会社コードと同じように「財務諸表」を出力する単位として設定を行います。事業領域は、あくまでも内部用の集計単位としての位置づけです。

たとえば、1つの企業が国内事業と海外事業を展開している場合、これらの事業の財務状況を別々に把握したいときに、事業領域を設定します。

ただし、事業領域は、「S/4HANA」以前の組織構造マスタであり、今後、機能拡張がされないこともあり、内部向けの財務諸表の集計単位としては、**セグメントや利益センタを利用することを推奨**します。実際に事業領域では費用の付替・配賦ができないので、費用の付替・配賦が必要となる場合は利益センタを使用することが望ましいです。

セグメント

セグメントは、地域、製品ライン、顧客グループなど、会社内の異なる部門や要素を表すために利用されます。セグメントを設定することで、企業はセグメントごとに収益性やコストを把握し、異なる集約単位で財務諸表を作成したり、経営状況を分析したりすることができます。

利益センタ

利益センタは、企業内の異なる部門、製品ライン、地域などの特定の組織単位を表します。部署や課など、利益を計上する最小単位で定義します。利益センタを設定することで、利益センタ単位の収益と費用を把握して、収益を分析することができます。結果として企業は各組織単位の収益性を評価し、経営の意思決定に役立てることができます。また、利益センタは、利益センタグループとしてグルーピングできます。

原価センタ

原価センタは、部署や課など、費用を計上する最小単位です。一般的には利益センタよりも細かい粒度で設定することが多いです。

■ FIモジュールで使用する組織構造

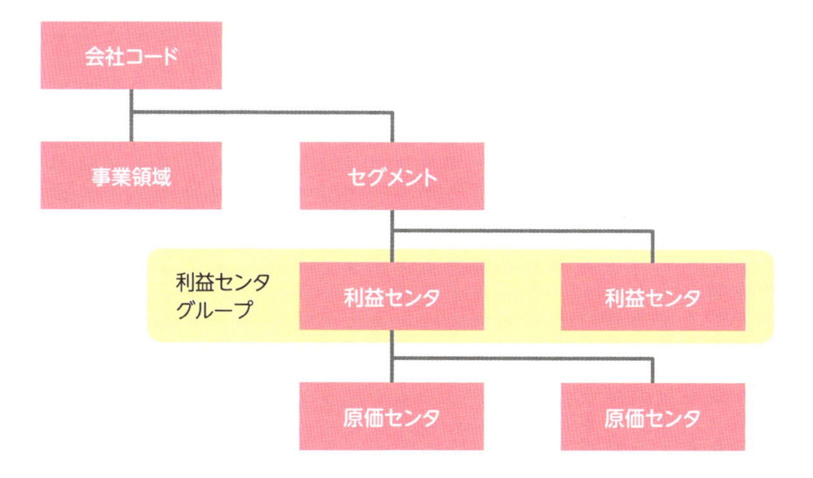

FIモジュールで主に利用するマスタ

FIモジュールで使用される勘定コードマスタ、銀行マスタ、BPマスタについて説明します。

勘定コードマスタ

勘定コードマスタは、会社で使用する勘定科目表（勘定科目一覧）のマスタです。現金、預金、売掛金、買掛金などのB/S項目や売上、仕入、給与、光熱費などのPL項目など、システムで使用するすべての勘定科目を登録する必要があります。「勘定コードマスタ」は、「会社コード」に割り当てることができます。

■ 勘定コードマスタの割当

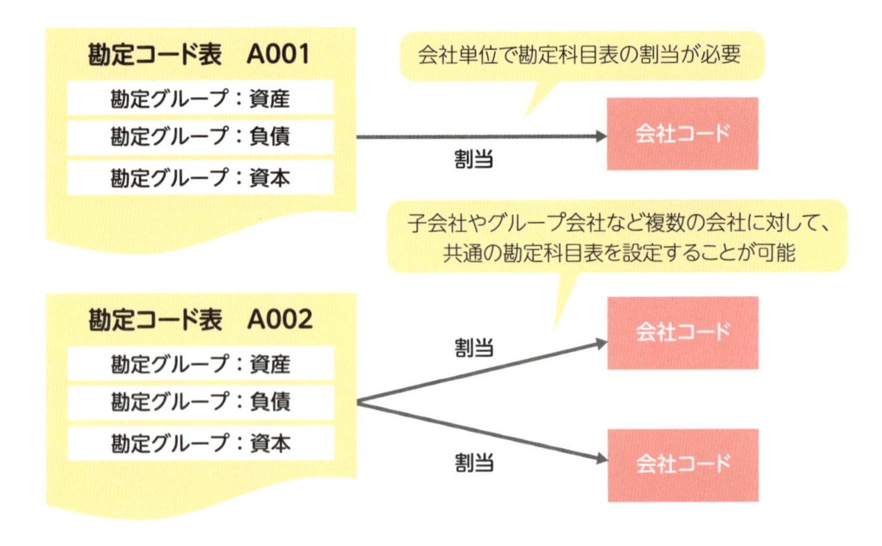

銀行マスタ

銀行マスタは取引で使用する振込先口座や入金口座などを登録する際の銀行に関する情報を管理するマスタです。日本の銀行を登録する際には、「金融機関コード＋支店コード」の組み合わせでコードが定義されます。

BPマスタ

FIモジュールにおいてもBPマスタは重要なマスタで、仕入先への振込や社員への立替経費に関する未払金などを支払うための情報を登録します。振込時の勘定科目や支払先口座、支払条件、支払方法を登録することができます。

「赤伝処理」で透明性アップ：監査法人も認めるSAPの実力

企業の財務管理では、データの正確性と透明性が非常に重要です。SAPのERPシステムは、そのための優れた機能を提供しています。特に注目すべきは、データの改ざんを防ぐ機能です。

SAPシステムでは、伝票の作成者や操作履歴がすべて記録され、追跡可能になっています。一度入力された伝票データは、簡単には削除できません。仮に入力ミスが発生した場合、「赤伝処理」と呼ばれる手続きを使用します。この方法では、誤ったデータに対して取り消すための逆仕訳を行い、その上で正しいデータを新たに入力します。

この方法には2つの大きな利点があります。1つ目は、すべての変更履歴が記録されるため、監査の際に取引の全過程を追跡できることです。これにより、不正や誤りの発見が容易になります。2つ目は、データの改ざんが実質的に不可能になることです。入力されたデータは消去されず、修正するたびに新しい記録が作成されます。

このような特徴により、SAPシステムは会計監査にも十分に対応できるシステムとして評価されています。そのため、世界中の大企業で採用されており、金融機関や監査法人からも高い信頼を得ています。

企業の業績を示す会計データの正確性が確実に保証されることで、経営の透明性が高まり、結果として投資家や取引先からの信頼も向上します。このような背景もあって、世界中でSAPシステムを採用する企業が増え続けているのです。

まとめ

- **FIモジュールは、債権管理（FI-AR）、債務管理（FI-AP）、総勘定元帳（FI-GL）、固定資産（FI-AA）、資産管理（FI-CM）の5つのサブモジュールで構成されています。**
- **総勘定元帳（FI-GL）は、企業の全会計情報を一元管理するサブモジュールで、FIモジュールの中心的役割を果たします。**

26 管理会計（CO モジュール）

管理会計（CO）モジュールは、内部経営管理を目的に企業がお金の流れや利益を管理するためのモジュールです。FIモジュールとは異なり、主に社内向けに利益の予測や収益の管理等を行います。

管理会計とは

管理会計は、企業内部向けに経営管理に必要な情報を提供するために、発生する費用と収益について把握し、予算・実績管理を行う管理方法です。一般的に、管理会計の業務は、原価管理、予実管理、経営分析の3つとなります。

■ 管理会計の種類

原価管理	原価管理は、製品の製造原価の管理が中心となります。原価には、原材料や部品、人件費、間接費、設備費などが含まれます。製品の標準原価や実際原価を管理します
予実管理	予算と実績を比較して、予算の達成状況を管理します。会社全体や事業や部門単位で費用や収益の予実を管理します
経営分析	会社の業績を分析します。売上高や利益を中心に売上成長率や営業利益率などの管理指標をチェックします

COモジュールとは

COモジュールは、社内向けに原価管理や収益性分析を行うレポートが作成できるモジュールです。管理会計のモジュールは3つのサブモジュールで構成されています。

製品原価管理（CO-PC）

製品原価管理（CO-PC）サブモジュールでは、**企業が商品やサービスを作る際の原価（たとえば、材料費や人件費など）を管理**します。このサブモジュールは、製品の製造にどれだけコストがかかっているのかを把握し、**価格を決定する際の重要な情報を提供**します。

間接費管理（CO-OM）

間接費管理（CO-OM）は、電気代やオフィス賃料などの**経常費や固定費を管理**するサブモジュールです。どの部署がどれだけの費用を使っているかを把握し、予算策定やコスト管理に役立ちます。OMとは、「Overhead Management」の略です。

収益性分析（CO-PA）

収益性分析（CO-PA）サブモジュールでは、**企業が商品やサービスから得る利益を分析**します。このサブモジュールは、売上や経費、顧客情報などを組み合わせて分析し、どの製品や顧客が利益をもたらしているのかを明らかにすることができます。

■ 管理会計モジュールの概要

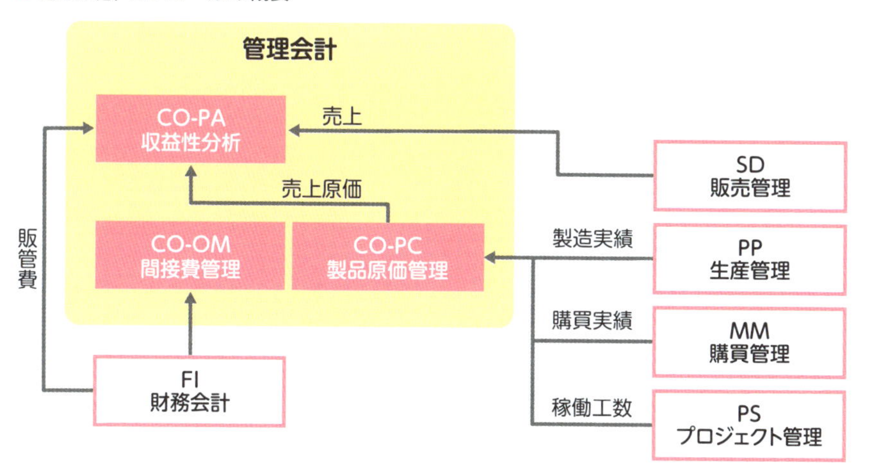

製品原価管理（CO-PC）

「製品原価管理（CO-PC）」は、会社が製品を作るのにかかる費用、つまり「製品原価」を管理するためのサブモジュールです。製品原価とは、商品を作るための材料費や、それを作るための人件費や製造に関する経費などが含まれます。

管理会計を実施する上では、材料費、人件費、経費の各費用を製品ごとに直接費と間接費とに分けて製品原価として集計する必要があります。

直接費は、特定の製品やサービスに直接関連し、それらを生産または提供するために必要な費用です。一方、間接費は、製品やサービスに直接関連しない経費や費用のことを指します。これらの費用は、企業全体の運営に関連するものであり、製品やサービスの生産には直接的には関与しません。間接費の例には、管理部門の給与、オフィススペースの家賃、事務用具の購入費用などがあります。間接費は、製品やサービスに均等に割り当てるか、コスト配分方法に従って割り当てることが一般的です。この割り当てることを配賦(はいふ)と呼びます。

■ 原価の構成

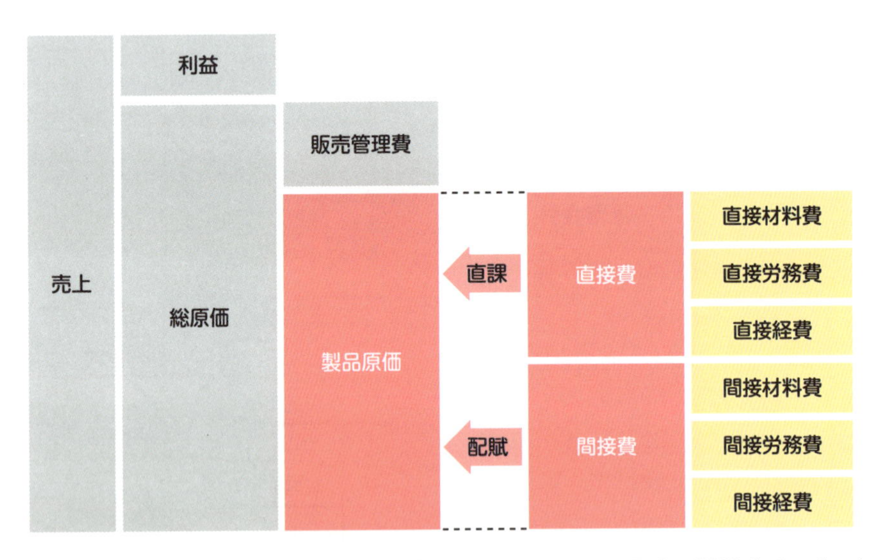

製品原価計算では、直接費と間接費を適切に区別し、正確に計算することが重要です。これにより、製品のコスト構造を理解し、価格設定や収益性分析を行う際に役立ちます。

CO-PCモジュールでは、製造にかかった製造実績と間接費の配賦額を元に製品原価を計算します。**製品原価の計算は、標準原価計算と実際原価計算の2つがあり、SAPではどちらにも対応**しています。

■ 原価計算の種類

計算の種類	内容
実際原価計算	実際に発生したコストを基に原価計算を行う方法。SAPでは「製造指図」の実績を元に計算されます
標準原価計算	事前に設定された標準原価を基にして製品やサービスの原価を計算する方法。SAPの標準原価計算では、生産マスタのBOMや作業手順マスタを使って、製品原価を計算します

さらに、標準原価と実際原価を比較し、原価差異分析を実施することができます。原価が予想よりも高くなっている場合、その原因を調査・分析するのにも役立ちます。たとえば、材料費が予想よりも高くなっている場合、それは材料の価格が上がったからか、それとも無駄に材料を使ってしまっているからか、このサブモジュールの中で分析することができます。

間接費管理（CO-OM）

「間接費管理（CO-OM）」は、会社が事業を運営するために必要なさまざまな間接的な費用を管理するサブモジュールです。これらの費用は、商品を作るための原材料の費用など直接的な費用ではなく、事務所の家賃や電気代、従業員の給料など、事業を支えるための間接費となります。

このサブモジュールでは、これらの間接的な費用がどれだけかかっているのか、どの部門やプロジェクトにどれだけの費用がかかっているのかを管理します。そして、それらの費用が全体の利益に対してどの程度影響を与えているのかを分析することができます。

間接費管理の目的は、**会社のすべての部門が効率的に運営され、無駄な費用が発生しないようにすること**です。たとえば、ある部門の電気代が急に上がった場合、それが何に起因するものかを調査・分析し、無駄な電力使用を減らすように改善策を立てるときに効果を発揮します。

また、間接費管理サブモジュールは、**集計した間接費を関連する製造部門に配賦することができます**。前述した製品原価への間接費の配賦となります。

収益性分析（CO-PA）

「収益性分析（CO-PA）」は、会社が利益をどのように得ているのか、どの事業がより多くの利益をもたらしているのかなどの収益管理を行うためのサブモジュールです。このサブモジュールを利用することによって、会社が自分の事業をより効果的に運営するのを助け、より多くの利益を得るための戦略を立てるのに役立ちます。

一般的には、収益性を判断する指標として売上高総利益率、売上高営業利益率、売上高経常利益率、売上高当期純利益率などがあります。

■ 収益性を判断する指標

指標	収益性の内容	計算式
売上高総利益率	粗利率とも呼ばれる。会社が本業で提供している商品やサービスそのものの収益性	売上総利益÷売上高
売上高営業利益率	会社の本業による収益性	営業利益÷売上高
売上高経常利益率	財務活動も含めた会社の通常の経営活動による収益性	経常利益÷売上高
売上高当期純利益率	法人税等も含めた会社の活動すべての結果を反映した収益性	当期純利益÷売上高

収益性分析を始めるには事前に分析対象の定義を設定する必要があります。

■ 分析対象の定義設定

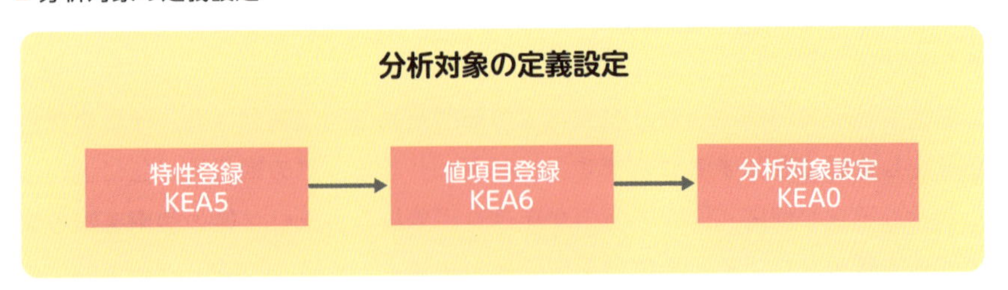

収益性分析のデータ（伝票）は、特性と値項目という項目で管理されます。また収益性の分析単位としてPAセグメントがあります。PAセグメントは、分析の切り口となる特性の組み合わせです。

■ 分析対象の定義

特性（ディメンジョン）	分析の軸となる項目。得意先や製品、地域などを設定。あらかじめ、標準で分析項目が用意されている
値項目（メジャー）	分析対象の数値。販売数量、収益（売上）、在庫金額（売上原価）などを設定。原価ベースCO-PAを使用する場合は設定が必要

CO-PAモジュールには収益分析タイプとして「原価ベース収益性分析」と「勘定ベース収益性分析」の2つの分析オプションがあります。

原価ベース収益性分析

製品別・得意先別などの特性ごとに収益性分析ができます。売上・売上原価・売上総利益のレポートを表示できます。原価差異などの詳細な情報も収集して、レポートに反映させることができます。**CO-PAを利用するほとんどの企業は、原価ベースCO-PAを利用**しています。

勘定ベース収益性分析

製品別・得意先別などの特性ごとに費目別分析ができます。収益性分析を勘定別（原価要素別）の視点から行うオプションです。

COモジュールで使用する組織構造

COモジュールで使用する組織構造について説明します。

分析対象

分析対象は、収益性分析を行う場合に設定する分析単位です。通常は1つの分析対象には、複数の管理領域を割り当てることができます。

管理領域

管理領域は、費用と収益を管理する管理会計上の組織単位です。管理領域は、会社コードに割り当てることができます。1つの管理領域に、1つまたは複数の会社コードを割り当てることができ、その場合は会社を横断した形で管理会計を実施することができます。

■ 分析対象と管理領域の関係

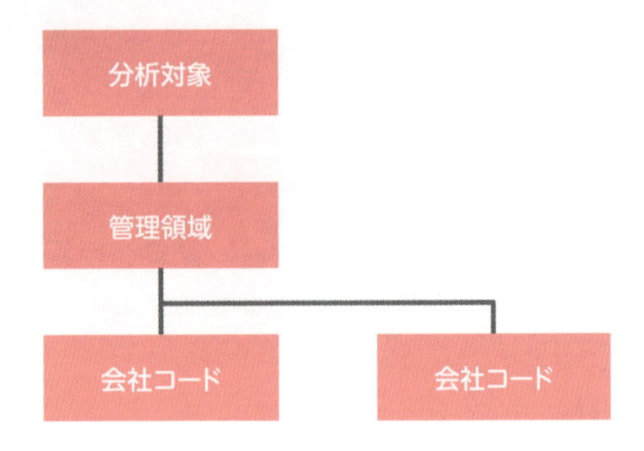

原価センタ

原価センタは、費用を集計するための管理会計上の組織単位です。原価センタは会社コードごとに定義されます。分析したい集計単位によりますが、一般的には、部門や部署といった単位で設定することが多いです。

COモジュールで主に利用するマスタ

COモジュールで利用されるマスタとして、原価要素マスタと活動タイプマスタがあります。

原価要素マスタ

原価要素には、「一次原価要素」と「二次原価要素」の2つの種類があります。「一次原価要素」は、財務会計と連動して使用されるもので、勘定コードと同じコードで登録されます。これは、会計情報と統合するための要素です。一方、「二次原価要素」は、管理会計でのみ使用されるもので、財務会計とは独立しています。管理会計プロセスでのコスト計算や分析に役立つ要素です。

活動タイプマスタ

活動タイプマスタは、製造やさまざまなタスクで発生する作業要素（活動）を定義したマスタです。その活動にかかる単位当たりの価格や時間を管理するマスタです。通常、時間単位ごとの費用（時間単位当たりの費用）を登録することが一般的ですが、作業によっては、時間以外の単位、たとえば個数などを使用する場合もあります。

活動タイプマスタの主な用途の1つは、生産計画（PPモジュール）の作業区に関連付けることです。これにより、特定の作業を実行する際の原価を計算するための基本情報として役立ちます。

■ 活動タイプのイメージ

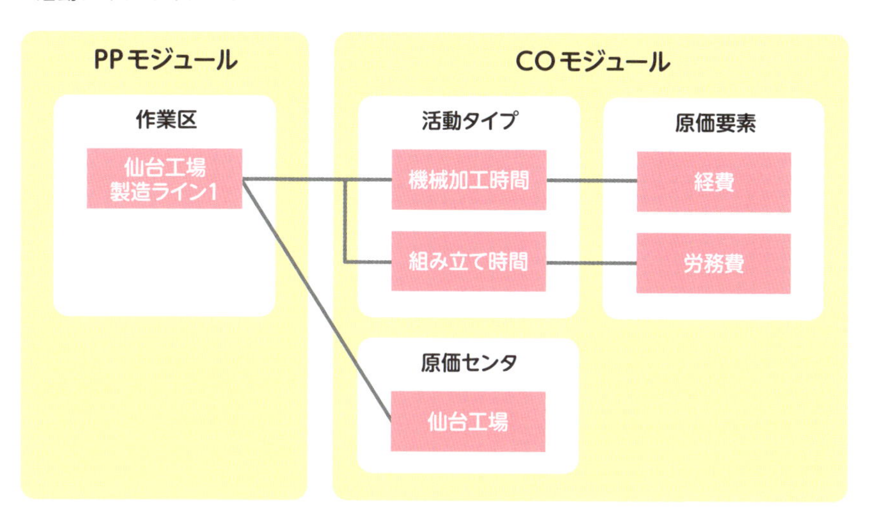

- COモジュールは、原価管理や収益性分析を行うレポートを作成できるモジュールで、製品原価管理（CO-PC）、間接費管理（CO-OM）、収益性分析（CO-PA）の3つのサブモジュールで構成されます。
- 管理会計では、社内向けに費用と収益の分析を行います。これにより、企業は経営状況を把握し、意思決定に役立てることができます。

27 統合明細テーブル「ユニバーサルジャーナル」

「S/4HANA」より会計データはユニバーサルジャーナルと呼ばれる1つのテーブルに集約されました。会計伝票のデータ構造をシンプル化したユニバーサルジャーナルについて説明します。

ユニバーサルジャーナルとは

「ユニバーサルジャーナル」は、**会社の財務情報全体を一元的に管理するための統合明細テーブル**です。

従来、財務会計、管理会計、収益性分析、固定資産、品目元帳などで個別に分かれており、複雑になっていた明細テーブル構成が、「ユニバーサルジャーナル」という1つの明細テーブルに統合されました。

■ ユニバーサルジャーナルの全体像

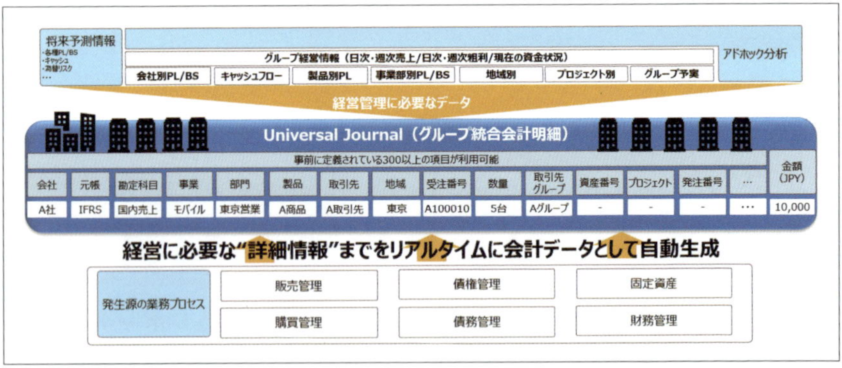

[出典：SAPジャパンの公開資料より画像転用]

以前のERP 6.0は会計データを異なるモジュールで別々に管理していましたが、S/4HANAではこれらのデータを一元化。これにより、複数モジュールを跨ぐデータ分析が簡単にできるようになりました。

この統合により、商品販売や原材料購入、従業員給料などの会社運営に必要なデータが一元化され、複数のモジュールを跨ぐデータ分析が容易に行えます。

また、**リアルタイムでデータが更新されるため、企業は常に最新の情報を基に迅速かつ正確な意思決定が可能**です。

「ユニバーサルジャーナル」の導入により、会計データ、管理会計データ、購買データなどの取引データがオペレーショナル会計伝票明細テーブル（ACDOCA）に統合されました。この統合により、異なる種類のデータが1つの場所で一元的に管理されるようになり、結果的に「One Fact One Place」（1つの事実は1つの場所に集約される）というコンセプトが実現されました。

■ ユニバーサルジャーナルのイメージ

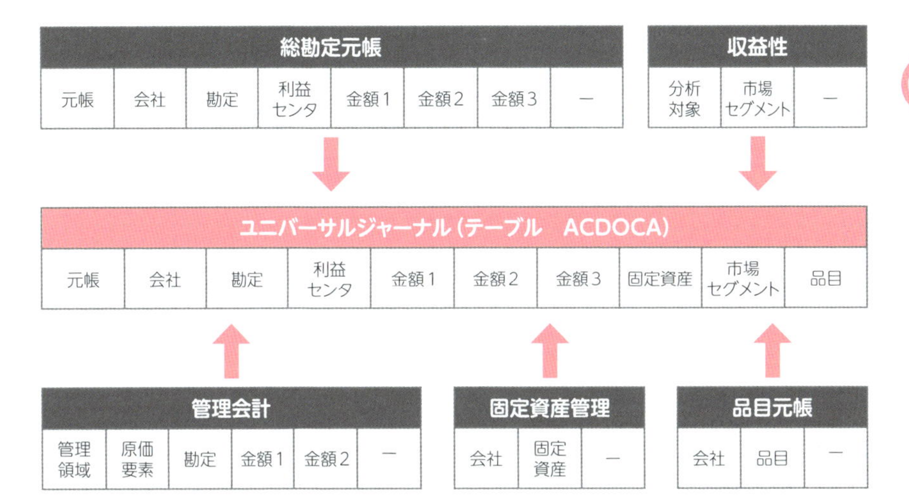

まとめ

- 「ユニバーサルジャーナル」は、会社の財務情報全体を一元的に管理するための統合明細テーブルです。
- 会計データを一元化し、ユニバーサルジャーナルでリアルタイムに管理することで、複数モジュール間のデータ分析が容易になり、迅速で正確な意思決定が可能です。

8章

「ヒト」を管理する人事管理

HCMモジュールは、人事管理に関わるモジュールです。企業において、従業員は貴重な経営資源（人的経営資源）とみなされ、彼らの能力を最大限に活用することが非常に重要となります。HCMモジュールを使うことで、適切に人材を管理し、組織の目標と戦略の達成に必要な基盤を築くことができます。

28 人事管理（HCMモジュール）

人事管理業務を包括的に管理できるHCMモジュールの概要とクラウド製品である「SAP SuccessFactors」への移行について説明します。

人事管理とは

人材は、企業の最も価値のある資源であり、それらを効果的に管理することで、組織は競争力を保ち、事業の成長を促進することができます。また、人材管理は、従業員の満足とエンゲージメントを向上させ、従業員のパフォーマンスと生産性を高めることにも寄与します。

さらに、労働管理面において法令遵守によるコンプライアンスを維持し、リスクを管理する上でも、適切な人材管理が必要となってきます。

人事管理業務は多岐にわたります。採用から適正配置、人材育成、人事評価、就業管理、報酬管理、退職まで幅広い業務があります。人材管理の主な役割は、人材を確保し、適切な仕事に配置することです。さらに、人材が仕事を効率的に遂行できるように働きやすい職場環境を整え、その働きに対して適切な報酬を設定することも重要な役割となります。

■ 人事管理業務の全体図

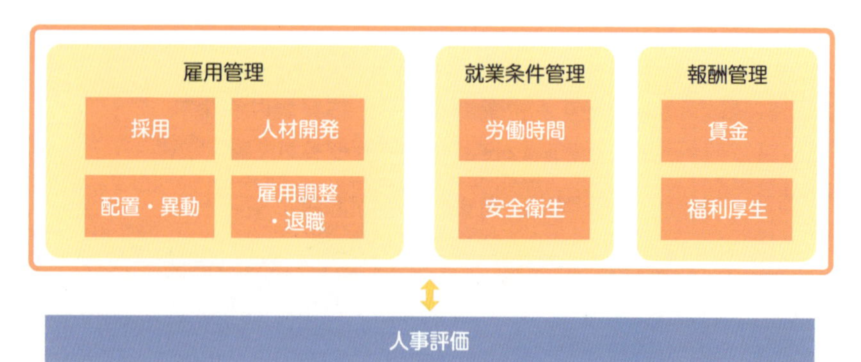

HCMモジュールとは

HCMモジュールは、**人事管理業務を包括的に網羅**しています。人材の採用管理から勤怠管理、報酬管理など企業内における人事業務や人材管理業務全般をカバーします。従業員情報の一元管理など人的経営資源を最大限に活かすための機能を提供しています。

近年、タレントマネジメントシステムである「SAP SuccessFactors」という新しい製品がSAPのラインナップに加わりました。これにより、従業員の満足度を高め、人材を効果的に活用するための**ヒューマンエクスペリエンス管理（HXM）[1]の機能が強化**されています。この進化により、人事管理の目的が、従業員を管理する組織ニーズから従業員のエクスペリエンス（体験）や満足度を向上させることに移行され、結果として製品のUIデザインや操作性を通じて、製品の利便性の向上を実現しています。

■ HCMモジュールの全体構成

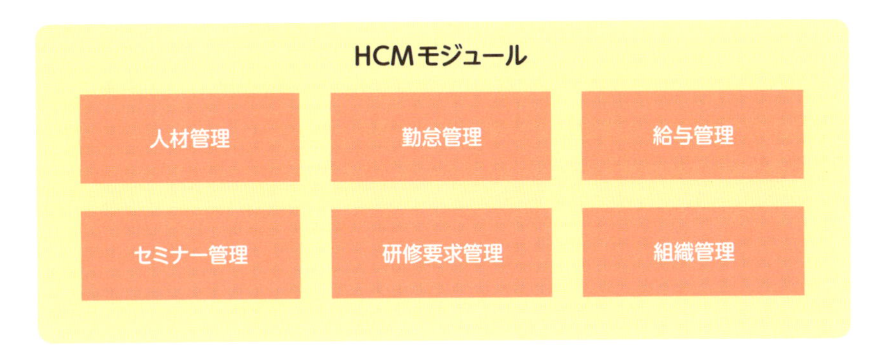

HCMモジュールを導入するメリット

HCMモジュールを導入することで、企業は人事業務の効率化、信頼性の高い人事情報管理、他のシステムとの連携強化を実現し、ビジネスの競争力を高

[1] ヒューマンエクスペリエンス管理（HXM）は、人々が感じ、経験するすべての出来事に関連する個人的な経験や感覚です。システムの操作性を上げ、仕事をしやすくするだけでなく、社員の満足度を向上させ、社員のパフォーマンスを最大化することが目的となります。

めることができます。

人事業務の効率化と正確性の向上

HCMモジュールを活用することで従業員の勤怠管理や給与計算といった**定例業務が迅速かつ正確に実施**できるようになります。これにより、人事部門は日々のルーティンワークから解放され、より戦略的な業務へと注力できるようになります。

人事情報の一元管理

HCMモジュールを使うと、**従業員情報を一箇所で管理**できます。従業員データが集約されることで、情報を探したり更新したりしやすくなり、データの一貫性も保たれます。これにより、従業員や管理者は情報に簡単にアクセスし、利用できます。

他コンポーネントの連携

HCMモジュールは、タレントマネジメントシステムである「SAP SuccessFactors」や他のSAPコンポーネントとの連携が特徴です。具体的には**FIモジュールやCOモジュールに連携**しています。この統合により、従業員の人件費情報を元に会計仕訳を連携したり、COモジュールに活動配分に関する情報を提供したりします。

「SAP SuccessFactors」への移行

SAP社では2012年にタレントマネジメントシステムである「SuccessFactors（製品の特徴については後述）」を買収しました。製品の買収後、SAP社は、人事ソリューションとして、新たなロードマップを発表しています。

ロードマップの中で、既存のHCMモジュール（オンプレミス）を利用しているユーザー企業に対して、「SAP SuccessFactors」への移行を提言しています。あわせて、既存のHCMモジュールについて今後の機能拡張は予定されておらず、製品の保守期限も2025年末までとなることを発表しています。つまり、2025年以降は、人事領域については、「SAP SuccessFactors」が主力製品となることを発表したことになります。

「SAP SuccessFactors」への移行によるメリットは2つあります。クラウド化によりトータルコストの削減につながります。また、年2回の機能アップデートによって、最新機能や既存機能の強化を定期的に受けることができるようになります。

移行にあたっても、「SAP SuccessFactors」は、業務領域ごとにモジュール化されており、ユーザー企業のペースで段階的にクラウドへ移行することが可能ですし、すべての人事業務プロセスをすぐにクラウドに移行することもできるのが特徴となります。

■「SAP SuccessFactors」による人事ソリューションへ移行

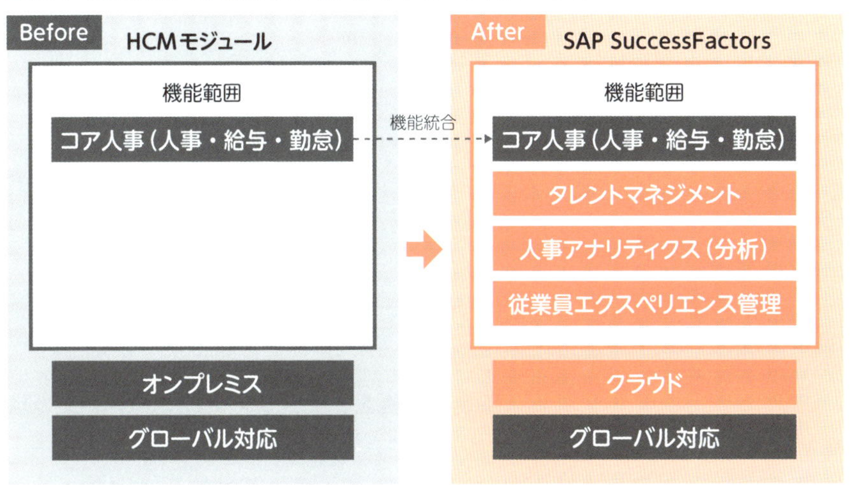

まとめ

- **HCMモジュールは、人的資源の管理だけでなく、採用から退職までの人事業務を包括的に管理します。**
- **「SAP SuccessFactors」へ移行することでタレントマネジメントを実現し、従業員の満足度やパフォーマンス向上を目指しています。**

29 組織管理(OMモジュール)

組織管理モジュールは、企業の組織を管理し、組織計画や要員分析を行うことができます。組織管理は、人事計画、人員配置、費用計画などにも利用され、組織全体の効率的な運営をサポートします。

組織管理とは

組織管理では、企業内の各部門、チーム、および個人の役割と責任を明確にするために会社組織を構造化し、組織を管理する必要があります。また組織は、誰が誰に報告するのかという報告ルートを明確化する上でも重要となってきます。たとえば、従業員が新しい役職に昇進した場合、組織図を更新し、他の従業員にその変更を伝え、新しい責任を明確にします。組織を常に最新の状態に保つことは、組織のスムーズな運営に貢献します。

組織管理モジュールとは

SAPの組織管理では、**実在する会社組織を、モデリングして、SAP上の組織としてツリー構造化して管理**することができます。また組織は、過去・現在・将来の組織図を履歴で管理することができます。実在する組織を組織図としてシステム上に落とすことで、役割と責任を明確にすることができます。作成された組織図は、**SAP共通で使用するワークフローの承認ルートとして利用**することもできます。

組織構造を表現するオブジェクトタイプ

実在する組織をシステム上でモデリングして表現するため、組織ユニットやポジションなどのオブジェクトを利用して組織体系図やポジション体系図を作成します。SAPの組織管理は、オブジェクト指向[1]設計に基づいています。つまり、組織内の各要素は、それぞれ個別の特性を持つ独立したオブジェクトを表します。たとえば、ある会社組織に対して営業部と経理部という組織があった場合、システム上では営業部と経理部というオブジェクトをそれぞれ作成します。また、会社の組織図を作成する場合においても、複数のオブジェクトを階層化することで表現することができます。

■ 組織管理で利用するオブジェクトタイプ

オブジェクトタイプ名	内容	オブジェクトタイプキー[2]
組織ユニット	会社に実在する事業部、部、課といった組織を表現する	O
ポジション	従業員の組織ユニット内における位置づけ（役職や役位）を表現する。空席ポジションも管理することができる	S
ジョブ	職務・業務内容を表すもので、ポジションの職務を表現する。ジョブは、人件費計画や人材開発にも利用される	C
原価センタ	原価センタは管理会計（CO）で更新され、組織ユニットまたはポジションのどちらかに関連付けることができる	K
従業員	従業員を表現するオブジェクトでシステム上一意の従業員番号で表現する	P

[1] オブジェクト指向は、データとその操作をひとまとめにした「オブジェクト」を使ってシステムを作る考え方です。オブジェクトには特定の役割があり、これによりプログラムがわかりやすくなり、再利用や修正がしやすくなります。オブジェクト同士がメッセージをやり取りして、機能を実現します。

[2] オブジェクトタイプキーは、HCMモジュールで使用されるオブジェクトタイプを識別するためのものです。これらのオブジェクトタイプキーは、SAP HCMシステム内でデータを構造化し、管理するために使用されます。

■組織ユニットで表現した「組織体系図」のイメージ

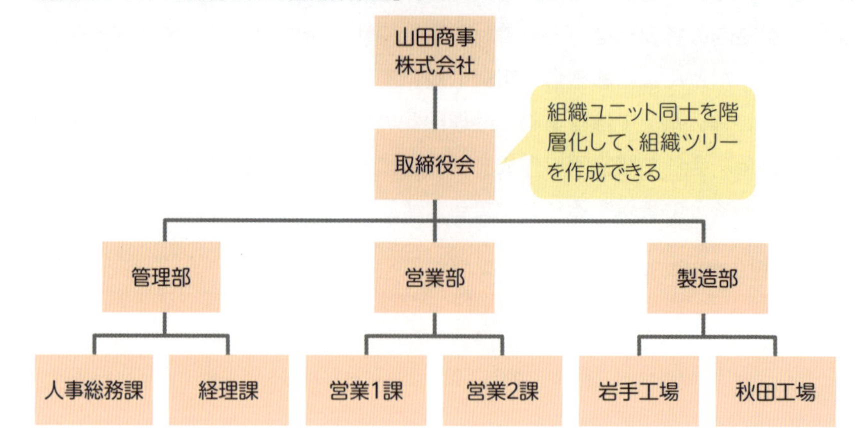

人員配置図

組織管理では、会社組織を「人員配置図」として表現することができます。システム上で組織図を表現するだけでなく、ワークフロー上の承認者フローとして利用できます。具体的には組織ユニットごとに誰が組織の管理者なのかを「管理者ポジション」として定義することができます。

■人員配置図のイメージ

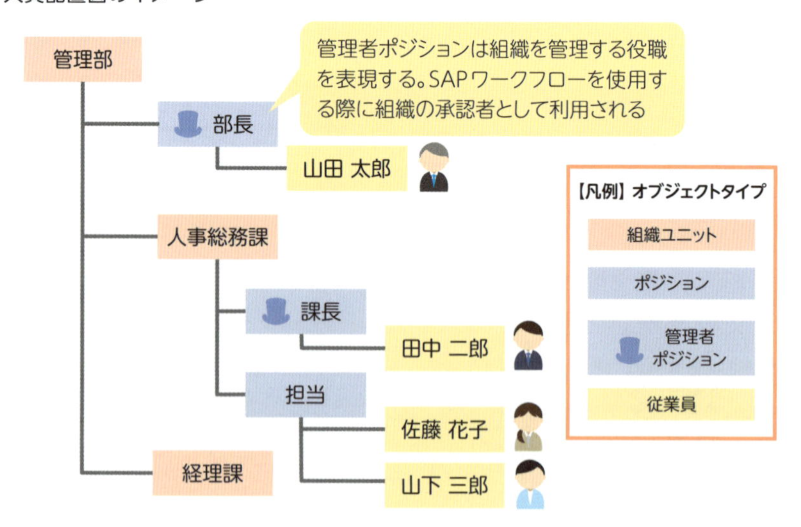

人材管理モジュール（PAモジュール）との統合

OMモジュールの特徴として、後述する人材管理モジュール（PAモジュール）と情報を統合することができます。組織図上のポジションに対して、従業員を割り当てることで、PAモジュールで従業員の所属情報を管理することができます。具体的には、組織ユニット、原価センタの情報が組織管理より継承され、「組織計画」として組織図上の所属を表現します。

■ PAモジュールとの統合イメージ

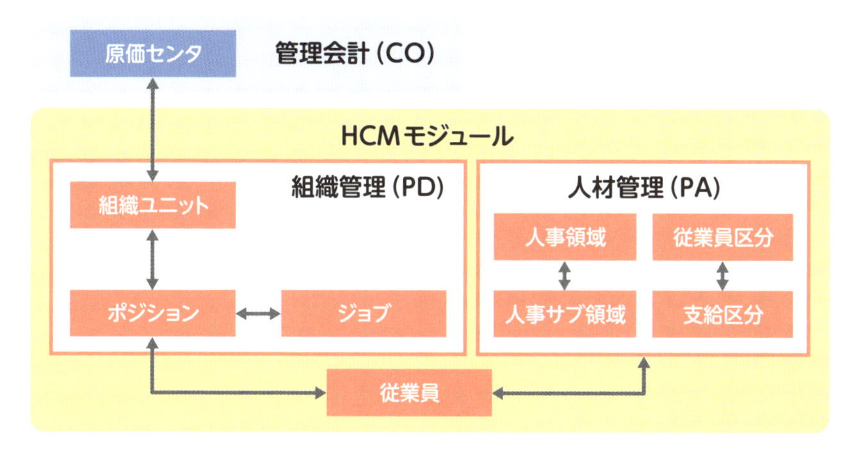

まとめ

- 組織管理モジュールは、実際の組織をモデル化し、変化の履歴を管理することで、役割と責任を明確にします。
- 組織管理モジュールは、標準機能のワークフローを利用する場合に、承認者フローとして利用できます。

30 人材管理（PA モジュール）

人材管理モジュール（PAモジュール）では、企業で働くさまざまな従業員の情報を管理することできます。

人材管理とは

人材管理は、従業員の氏名や性別といった個人情報だけでなく、業務経歴や学歴、保有資格など従業員に関する情報を適切に管理するプロセスです。どのような情報を管理するかは企業により異なりますが、一般的には仕事に従事してもらう上で、人事部門が知っておきたい情報やおさえておきたい情報が対象となります。たとえば、地方勤務への異動がある場合に、人事部門の担当者は、候補者が転勤可能な人材か、あるいは、自動車の免許を保有しているかなど、候補者決定において必要な情報として家族構成や保有資格などが役立ちます。

また、近年、タレントマネジメントが注目されています。タレントとは、従業員が持つ特定の能力、資質、才能、スキル、経験、および潜在的な価値を指します。そのため、タレントマネジメントでは、従業員の能力、特技、スキル、経験など「従業員の強み」となる情報を整理し、戦略的な人員配置や従業員のスキル向上を行うことを目的としています。

PAモジュールとは

PAモジュールは、**従業員に関する情報を管理**できるモジュールです。管理できる情報は幅広く、発令や所属情報から勤怠・給与に関する情報まで管理することができます。従業員情報を管理するための最初のステップとして、企業構造と従業体系の把握と整理が重要となります。組織内における従業員の身分や所属を表現することができます。

■ 従業員の所属情報イメージ

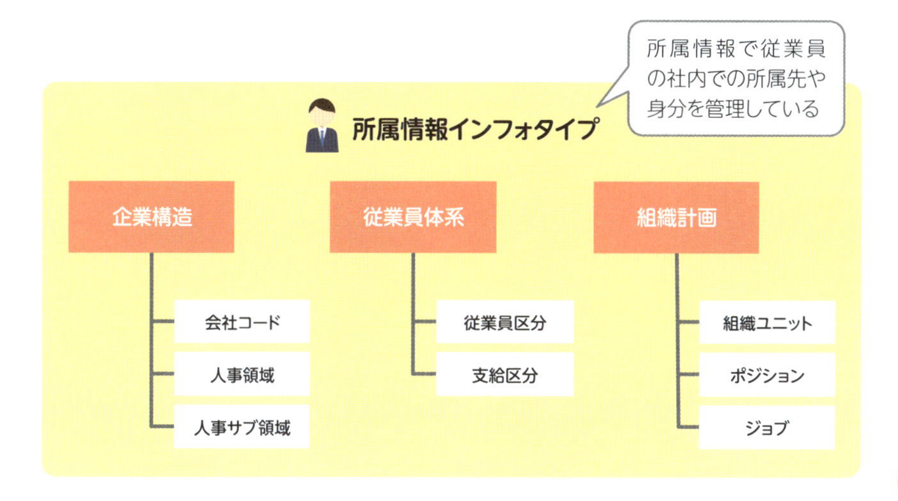

企業構造

人材管理の企業構造は、クライアント、会社コード、人事領域および人事サブ領域で表現されます。実在する会社組織をシステム上で抽象化および構造化したものとなります。

人事領域

人事領域は、人材管理モジュールでのみ使用されます。人事領域は、会社コードに割り当てる必要があります。一般的には、人事領域は会社単位で設定することが多いため、会社コードと同じコード体系とします。

人事サブ領域

人事サブ領域は、人事領域を細分化したもので、一般的には事業所単位に設定されることが多いです。ただし、人事サブ領域は、人事管理モジュールでパラメータ設定する際の重要な設定要素となるため、事業所の実態や社会保険の適用事業所、税関連の届け出単位などを包括的に考慮し、決定する必要があります。特に注意すべきこととして**人事領域や人事サブ領域は、履歴管理ができない**ため、運用後にコード変更することが難しいことがあります。

■ 人事領域における企業構造

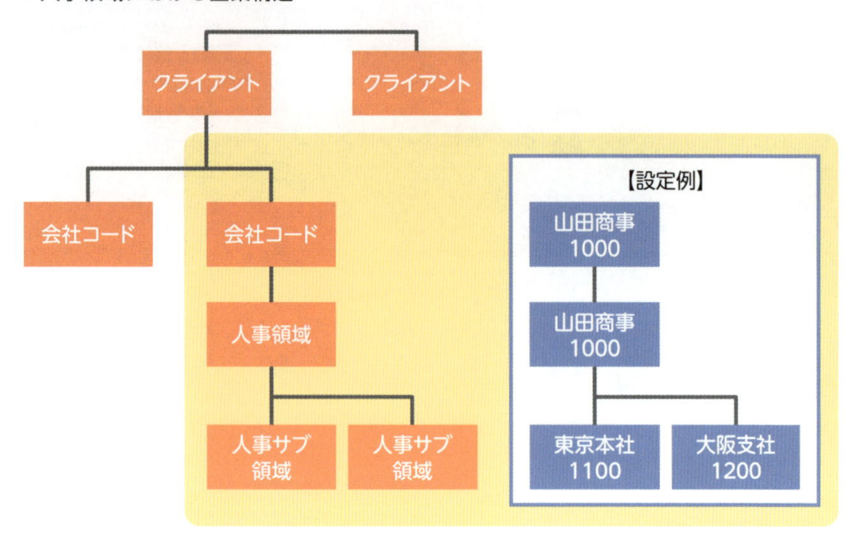

従業員体系

従業員体系は、会社組織内における従業員の基本的な社員身分を表現します。

従業員区分

従業員区分は、企業内での雇用関係に基づいた社員身分を分類したものです。たとえば、役員、正社員、契約社員、パートなどの区分が利用されることが多いです。雇用契約の有無や労働基準法での取り扱いなどを考慮して区分を分けます。

支給区分

支給区分は、従業員区分を詳細化した区分で、通常は時給制や月給制などの給与の支給形態で分類して整理します。最終的に従業員区分と支給区分の組み合わせで、社内にいる従業員の身分を表現できればOKです。

最終的に従業員に対して、企業構造と従業員体系の割り当てを行います。割当を行うことで、従業員がどこの事業所で、どのような社員身分で働いているかを管理することができるようになります。

インフォタイプ

従業員に関する情報は、類似した情報単位にグルーピングされ、インフォタイプとして管理されます。この情報単位をSAPではインフォメーションタイプ、略してインフォタイプと呼んでいます。また、インフォタイプは、さらに詳細なグルーピングとしてサブタイプが用意されているものもあります。

インフォタイプは、グローバル共通で用意されており、従業員情報を管理するために、300個以上のインフォタイプが提供されています。一部、社会保険や所得税、住民税などといった日本特有のインフォタイプがあります。通常は、標準で用意されているインフォタイプで情報を管理しますが、追加開発でインフォタイプ自体を開発したり、標準で用意されているインフォタイプに項目を追加したりすることもできます。

従業員情報を管理する上で、よく利用されるインフォタイプを以下に挙げます。

■ 従業員の基本情報を管理するインフォタイプ（抜粋）

No	インフォタイプ名	サブNo.	サブタイプ名	説明
0000	ステータス情報			社員身分や在籍状況を管理する
0001	所属情報			所属情報を管理する
0002	個人データ情報			個人の姓名、性別、国籍、生年月日などを管理する
0003	給与ステータス情報			給与の支払状況を管理する
0006	住所情報	1	現住所	現住所を管理する
		4	緊急連絡先住所	緊急連絡先住所を管理する
		J1	住民税納付先住所	住民票住所を管理する
0007	勤務情報			勤務形態（勤務スケジュールルール）を管理する

No	インフォタイプ名	サブNo.	サブタイプ名	説明
0008	基本給情報			役割給などの本給を管理する
0009	振込先情報	0	第1銀行	給与振込口座を管理する
		J1	賞与第1銀行	賞与の振込口座を管理する
0014	支給控除項目情報			毎月支給される手当などを管理する
0015	一時支給控除項目情報			一時的に支給される手当などを管理する
0016	契約情報			有期の雇用契約期間を管理する
0105	通信連絡情報	0001	システムユーザー	SAPのユーザーを管理する
		0010	電子メール	電子メールを管理する
0302	P0000補足情報[1]			発令情報を管理する

インフォタイプの特徴

インフォタイプの特徴として、**データの履歴管理ができる**ことがあります。従業員の最新情報の管理だけでなく、過去の情報も履歴で管理することができるため、従業員の入社から退職するまでのライフサイクルを時系列で管理することができます。

インフォタイプの登録方法

インフォタイプを登録する場合は、「人事マスタデータ登録/更新」から登録することができます。ただし、システム上に登録対象の従業員がいない場合は、「人事アクション」機能から従業員の採用登録から始める必要があります。「人

[1] P0000（ステータス情報）は、従業員の身分や入社・退社・休職・復職といった在籍状況に影響のある発令を管理しますが、P0000補足情報は、異動や出向などそれ以外の発令や同日発令を管理します。

事アクション」は、発令イベントに関連したインフォタイプが連続して表示されることから、発令イベント時の必要データの登録のヌケモレを防ぐことができます。

■ 人事アクションのイメージ

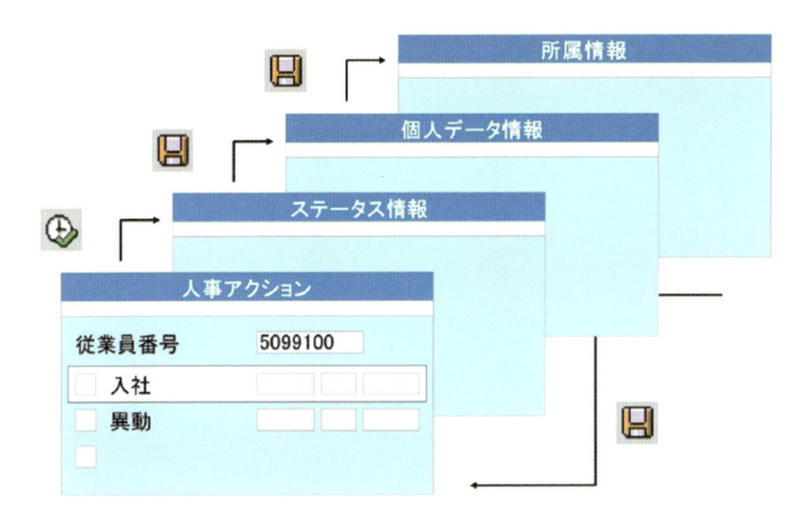

[出典：SAP Learning Hub資料より画像転用]

S/4HANA向けに用意されたHRミニマスタ

従業員に対して、経費などの未払金を支払う場合、BPマスタの仕入先として従業員を登録することができます。この場合、法人とは区別するため、**BPロールとして「従業員」が選択**されます。

従業員向けのBPマスタは、直接登録することができますが、ユーザー管理やHCMモジュールで管理されている従業員情報を連携して登録することができます。FIモジュールをはじめ、他の領域で利用する組織や従業員情報を最低限の範囲でサポートするのが、**HRミニマスタ（HR MiniMaster）**です。

HRミニマスタは、他領域の業務要件を実現するために用意された必要最低限の従業員マスタです。以下が最低限必要とされるインフォタイプの一覧です。なお、HRミニマスタを利用時には組織管理の併用が望ましいです。

■HRミニマスタを登録する際に必須登録となっているインフォタイプ一覧

No	インフォタイプ名	サブNo.	サブタイプ名	説明
0000	ステータス情報			社員身分や在籍状況を管理する
0001	所属情報			所属情報を管理する
0002	個人データ情報			個人の姓名、性別、国籍、生年月日などを管理する
0006	住所情報	1	現住所	現住所を管理する
0007	勤務情報			勤務形態（勤務スケジュールルール）を管理する
0009	振込先情報	0	第1銀行	給与振込口座を管理する
		J1	賞与第1銀行	賞与の振込口座を管理する
0105	通信連絡情報	0001	システムユーザー	SAPのユーザーを管理する
		0010	電子メール	電子メールを管理する
0302	P0000補足情報			発令情報を管理する
0315	タイムシート初期設定情報			タイムシートを利用するための設定情報を管理する

クラウドビジネスの覇者を目指すSAP社の買収戦略

SAP社は1990年代から、基幹システムERPの価値を高めるため、周辺システムの買収を積極的に進めてきました。この戦略には主に2つの狙いがあります。

1つ目は、顧客に包括的なソリューションを提供することです。ERPと連携する製品やサービスを買収・統合し、顧客のニーズにより幅広く応えられるようになりました。2つ目は、市場での競争力強化です。将来ライバルになりえる企業を買収することで、新規顧客の獲得や市場シェアの拡大を図っています。さらに、自社開発よりも買収のほうが新技術を迅速に取り入れられるという利点もあります。この戦略により、SAP社は急速に変化するIT業界で常に先端を走り続けています。

■ 代表的な買収事例

年代	買収先	製品またはサービス
1997年	Kiefer & Veittinger GmbH	顧客関係管理(CRM)ソフトウェア
2007年	Business Objects	ビジネスインテリジェンス(BI)ソフトウェア
2010年	Sybase	モバイルおよびデータベース技術
2012年	SuccessFactors	人材管理(HCM)クラウドソリューション
2012年	Ariba	サプライヤー関係管理およびビジネスコマースネットワーク
2014年	Concur Technologies	出張および経費管理ソフトウェア
2018年	Callidus Software	セールス実績管理ソフトウェア
2021年	Signavio	ビジネスプロセスインテリジェンス

まとめ

- PAモジュールは、従業員の個人情報、業務経歴、学歴、保有資格などを管理します。
- 従業員に関する情報は、類似した情報単位にグルーピングされ、インフォタイプとして管理されます。
- 「S/4HANA」では、他領域で必要とされる組織や従業員の情報を最低限の範囲で管理するために、HRミニマスタの利用が推奨されています。

31 勤怠管理（PTモジュール）

勤怠管理モジュールは、従業員の働き方に応じた労働時間の管理ができるモジュールです。主な機能として勤務予定管理やタイムシート、勤怠集計があります。

勤怠管理とは

勤怠管理は、従業員の出勤、退勤、休憩時間、休暇などの労働時間を記録、管理する一連の労務管理プロセスです。日本では労働基準法に準拠する形で、従業員の労働条件や働き方を適切に管理する必要があります。

また、働き方改革関連法により、企業は長時間労働を減らし、有給休暇を取得しやすくし、リモートワークを促進し、働き方を柔軟にするよう求められています。これらの法律に適切に対応するためには、労働時間の適正管理が必要となります。

PTモジュールとは

PTモジュールは、**グローバルの勤務管理システムとしてさまざまな働き方に対して柔軟に勤務管理ができるように設計**されています。PTモジュールでは、主な機能として以下を提供しています。

■ PTモジュールの主要機能

主な機能	内容
勤務予定管理	シフト計画などの勤務予定計画として、従業員に対して勤務日や勤務形態を割り当てる作業
タイムシート（CATS）	勤務時間や作業タスクを記録するためのツール
勤怠集計	従業員の勤務時間、休暇、遅刻、早退などの勤怠情報を収集し、月次で集計・計算するプロセス

勤務管理を使用するために必要なインフォタイプ

PTモジュールを利用するためには、必ず登録しなければいけない情報があります。勤怠管理マスタデータレコードと人事情報を統合するには、以下のインフォタイプが必要です。

■ 勤務管理を使用するために必要なインフォタイプの一覧

No	インフォタイプ名	内容
0001	所属情報	従業員の所属情報を管理。勤務スケジュールルールを決定するために使用
0002	個人データ情報	従業員の個人データを管理
0007	勤務情報	勤務スケジュールルールの割当や勤怠集計の有無を管理
2006	休務時間枠情報	休暇を管理するために使用

勤務時間を計画する勤務予定管理

従業員の勤務スケジュールを作成する際に、会社や工場などの事業所ごとに年間の稼働日カレンダを作成します。SAPシステムでは、まず「祝日カレンダ」を設定し、その後それを基に「稼働日カレンダ」を作成します。「祝日カレンダ」は文字どおり、休日や祝日を定義したものです。一方、「稼働日カレンダ」は、営業日や工場などの稼働日を定義したものです。「稼働日カレンダ」で稼働日とされた日が、従業員にとって働く日、すなわち労働日となります。従業員の勤務スケジュールを作成する際には、まず「祝日カレンダ」の設定が必要で、それを基に「稼働日カレンダ」を作成し、最終的な勤務スケジュールを決定していきます。

勤務予定管理では、従業員がいつ、どのように働くかを決めるために、勤務日と勤務形態（通常勤務や交代勤務など）を設定し、それらを割り当てる作業を行います。特に、製造業のように24時間稼働する工場を運営している場合は、1つの勤務が8時間となるように3つの勤務形態を設定し、シフト計画を組むことが必要です。これにより、工場を停止することなく運営を続けることができます。

■ 勤務スケジュールの作成の流れ

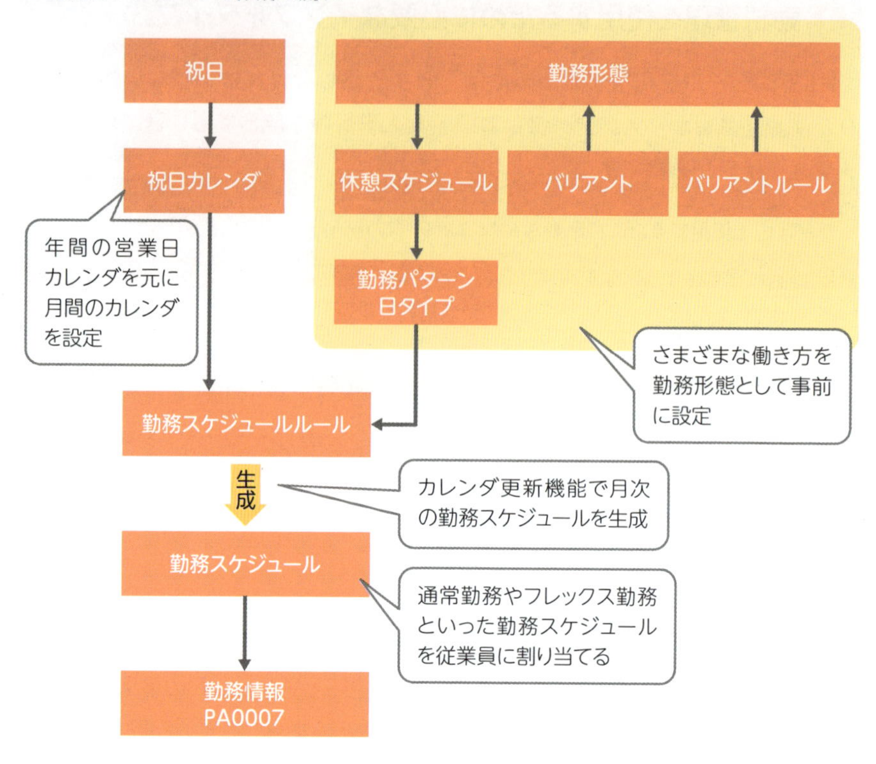

タイムシートを利用した勤怠実績管理

CATS（Cross Application Time Sheet）は、勤務時間や作業タスクを記録するためのツールです。日々の勤務実績や作業内容を作業タスク別に入力することができます。

たとえば、製造業の場合では、工場の各作業者の作業時間を記録し、工数集計することで、製品を製造するのにかかった作業時間を把握することができます。また作業時間に対して賃金単価を乗じることで、加工費を算出することもできます。

HCMモジュールで開発されたCATSは、「SAP Fiori」上でも利用可能です。「SAP Fiori」上でMy TimesheetアプリケーションとApprove Timesheetアプリケーションが提供されています。

他のSAPコンポーネントとの連携

PTモジュールで作成される勤怠データは、給与計算に使用されるだけでなく、管理会計上で「活動配分[1]」に使用することもできます。また、PSモジュールでは、**プロジェクトごとに設定されたWBS[2]の情報を元にCATSで作業実績を入力**できますし、入力された作業実績をPSモジュールに連携することができます。

■ 他コンポーネントとの統合

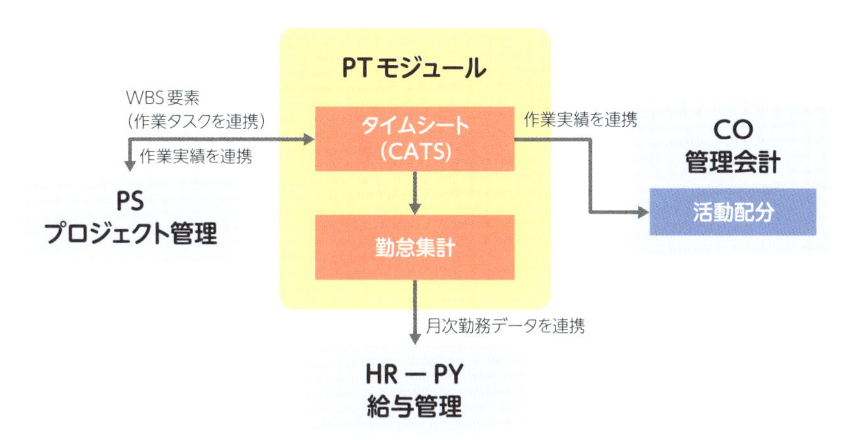

勤怠集計

勤怠集計では、出勤や退勤といった勤務実績を元にした実労働時間や休暇の取得実績や時間外勤務などを集計することができます。この勤怠集計処理により、給与計算処理で必要な勤怠ウェイジタイプ[3]が生成され、登録されます。具体的には、日々の勤怠実績を元に勤怠集計処理内で、月間の時間外労働時間

[1] 活動配分は、活動タイプ（作業タスク）の作業時間に応じて、費用を原価センタに配賦する機能です。

[2] WBS（Work Breakdown Structure）は、プロジェクト管理において重要な手法で、プロジェクトを細かい作業単位に分解して構造化するものです。SAPでは、WBSの作業タスクをWBS要素として表現します。

[3] ウェイジタイプ（Wage Type）は、給与計算の中で使われる賃金項目のことをいいます。

を作成し、給与計算につなげて、残業手当を支給します。また、勤怠集計した勤怠データは、従業員の労働生産性の向上やコンプライアンスの確保など労務管理のチェックにも活用されます。

■ 勤怠集計のイメージ

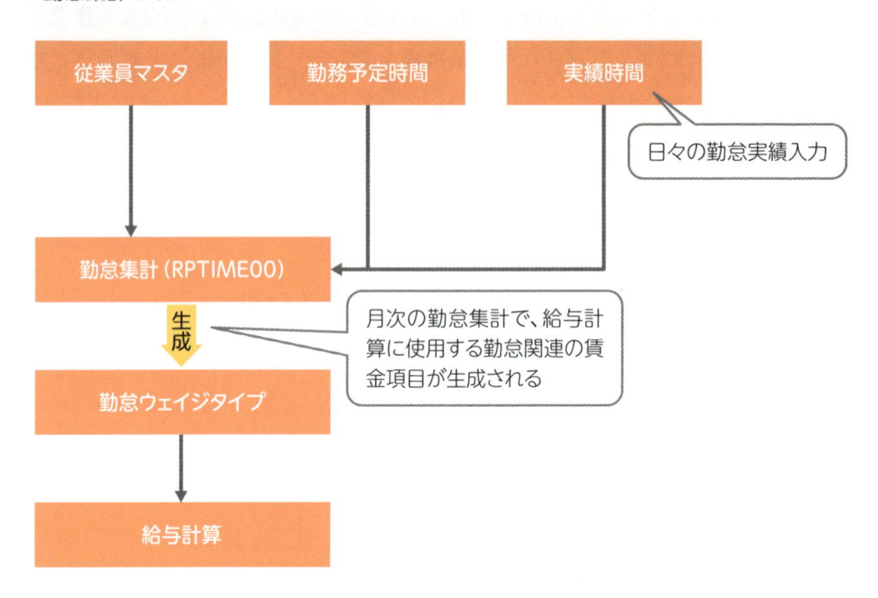

国内におけるPTモジュールの利用状況

国内においてPTモジュールを利用している企業は少ないのが実情です。これは、SAP社の標準機能が労働基準法に対応する機能を十分に持っていないためです。たとえば、36協定管理や年次有給休暇の計画的付与は日本特有の制度で、標準機能だけでは要求を満たせず、実現にあたって各企業が機能の追加開発を行って対応せざるを得ないという実態があります。

そういった実情もあり、SAPを利用している多くの会社でも、SAPの勤怠管理を利用せず、勤怠管理に特化した国内のパッケージ製品を利用している事例が多いです。SAP社においても、2020年にSuccessFactors製品として「SAP SuccessFactors Time Tracking」を発表していますが、まだまだ国内の利用事例が少ない状況です。

SAPコンサルタントの役割と専門性

SAPコンサルタントは、企業にSAPシステムを導入する際の専門家です。彼らは一般的な経営コンサルタントとは異なり、SAPという特定のソフトウェアに特化した技術者です。主な仕事は、企業の要望に合わせてSAPシステムを設計し、効果的に導入することです。ただシステムを導入するだけでなく、企業の業務改善を支援するエキスパートでもあります。

SAPコンサルタントの仕事は、システム導入の計画段階から始まり、設計、開発、テスト、そして本番稼働後のサポートまで多岐にわたります。プロジェクト管理やチームリーダーとしての役割を担うこともあり、技術スキルだけでなくコミュニケーション能力も重要です。

多くのSAPコンサルタントは、財務会計や人事管理、生産管理といった特定の分野に専門性を持っています。また、製造業や小売業など、特定の業界に特化していることも珍しくありません。この専門性により、クライアント企業の業種や部門ごとの細かなニーズに対応することができます。

デジタル化が進む現代のビジネス環境において、SAPコンサルタントの需要は高まっています。企業のデータ活用やデジタルトランスフォーメーションを支援する役割も増えており、今後も重要性が増すと予想されます。常に新しい技術やビジネストレンドを学び続ける姿勢が、SAPコンサルタントとしての成長と成功につながります。

まとめ

- **PTモジュールは、従業員の労働時間を管理するモジュールです。今後は、労働法に準拠し、柔軟な働き方に対応していく必要があります。**
- **PTモジュールで作成される勤怠データは、給与計算だけでなく、管理会計の活動配分にも使用されます。また、PSモジュールではプロジェクトごとに設定されたWBSを元に作業実績を入力でき、そのデータはPSモジュールに連携されます。**

32 給与管理（PY モジュール）

給与管理モジュールは、従業員の給与に関する情報を参照して、給与や賞与計算を実施することができます。HCMモジュールの給与計算は、日本の法令対応に準拠しており、社会保険や税計算も実施することができます。

給与管理とは

給与管理は、従業員に対する給与や賞与に関する金額情報の管理や計算業務に関するプロセスです。給与計算業務は、働いている従業員に対して労働の対価として支払う給与や賞与といった計算業務だけでなく、社員への支給明細の開示や振込データの作成、会計領域への人件費データの仕訳連携などの一連の業務をいいます。

給与計算や賞与計算を正しく行うために、所得税や住民税といった税金や社会保険などの保険料を控除した上で、支給額を計算する必要があります。そのため、労働基準法だけでなく、所得税法や社会保険に関する各種法律に準拠して業務を行う必要があります。

■ 給与計算業務の流れ

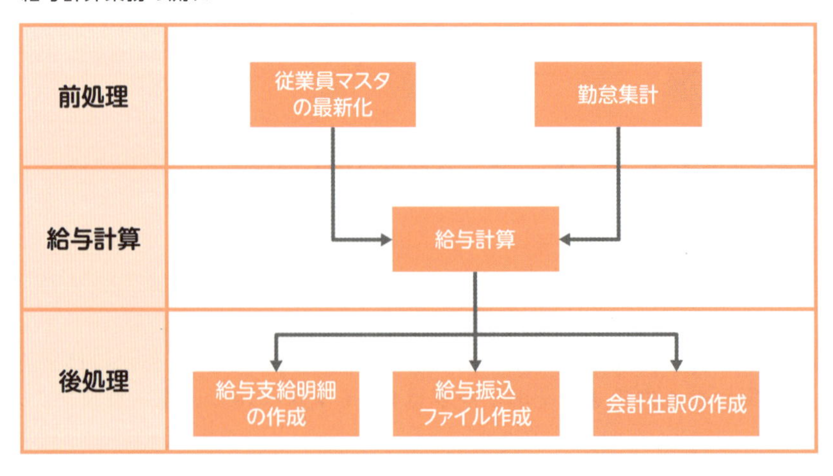

PYモジュールとは

PYモジュールは給与、賞与、退職金の計算を行うモジュールで、**「給与計算ドライバ」という計算エンジンを使用**しています。このモジュールでは、まず従業員の総支給額を決定し、その後、社会保険料、税金、任意の控除を引いて手取り額を計算します。さらに、手当の自動計算や日割り計算、遡及計算も設定次第で自動的に行われます。

■ 給与計算ドライバでの計算処理の流れ

給与明細のイメージ

①総支給額
・基本給
・諸手当
・時間外手当

②法定控除
・所得税
・住民税
・社会保険料

③任意控除
・企業が定める控除項目（財形貯蓄や生命保険料控除など）

④差引支給額
・いわゆる手取り額

ウェイジタイプ

給与や賞与で使われる賃金項目はウェイジタイプと呼ばれ、カテゴリタイプにより一次（ダイアログ）ウェイジタイプと二次（テクニカル）ウェイジタイプに分けられます。

■ ウェイジタイプのカテゴリタイプ

カテゴリタイプ	内容
一次ウェイジタイプ	オンライン画面より入力するウェイジタイプ
二次ウェイジタイプ	給与計算処理内で自動生成されるウェイジタイプ。支給や控除条件に応じて自動計算で金額を生成する場合に使用する。最初の文字として"/"が含まれていることで識別

賃金体系を整理する際には、従業員に支給または控除されている賃金項目を洗い出し、各項目に対して、支給や控除の条件（対象者、頻度、計算式）を明確に整理します。

「SAP SuccessFactors Employee Central Payroll」への移行

HCMのPYモジュールは、これまでオンプレミス版として提供されてきましたが、現在は「SAP SuccessFactors」のクラウド版給与管理「Employee Central Payroll」として名称を変更し、リニューアルされています。実際には大きな機能拡張はなく、クラウド版へそのまま移行した形となります。

■ HCMモジュール（オンプレミス）からSAP SuccessFactorsへの移行

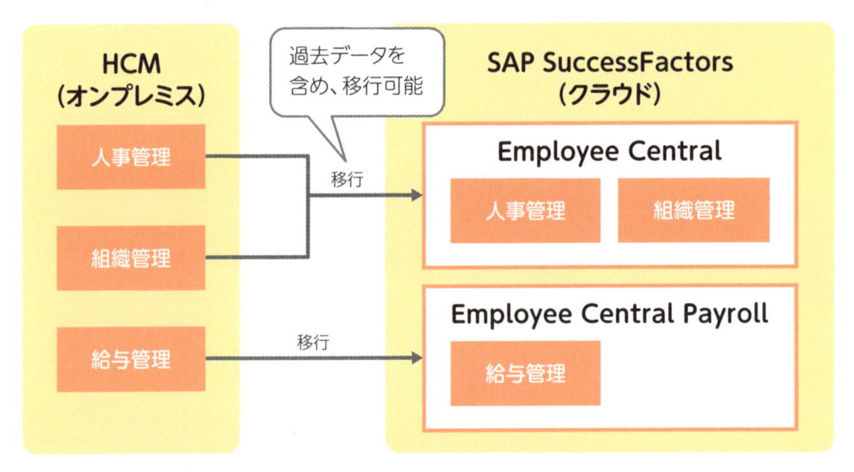

まとめ

- PYモジュールは、従業員の給与や賞与の計算を行い、日本の法令に準拠して社会保険や税金も計算します。また、支給明細の作成や振込データの作成、会計との連携も含みます。
- PYモジュールは、「給与計算ドライバ」というエンジンを使って従業員の給与を計算します。

9章

SAP導入ステップ

SAPを導入するための基本的な導入ステップと、導入するために必要な作業タスクや流れについて解説します。またSAPが提唱する最新の導入方法論「SAP ACTIVATE理論」についても紹介します。

33 SAP導入フロー

SAPの導入はウォーターフォール方式というシステム導入方式を採用することが多く、要件定義、設計、実装、テスト、移行、保守という6つのフェーズに大きく分かれます。

ウォーターフォール方式によるシステム導入が主流

SAPを導入する場合、一般的には**ウォーターフォール方式というシステム導入方式が採用**されます。ウォーターフォール方式とは、システム開発の工程をいくつかのフェーズ（作業工程）に区切り、上位のフェーズから下位のフェーズに順番に段階的に作業を進める方法です。

水が下流から上流にさかのぼらないのと同様に、ウォーターフォール方式でのシステム導入では、後のフェーズに進むと前のフェーズに戻ることはありません。そのため、**各フェーズで予定されていた作業は確実に終了させ、手戻りがないように各フェーズの完了条件を満たしてから次のフェーズに進むことが重要**となります。

ウォーターフォール方式では、フェーズの順番や各フェーズでの作業内容が明確に定義されるため、スケジュールが立てやすく、進捗管理や品質管理がしやすいというメリットがあります。

■ ウォーターフォール方式によるシステム導入の流れ

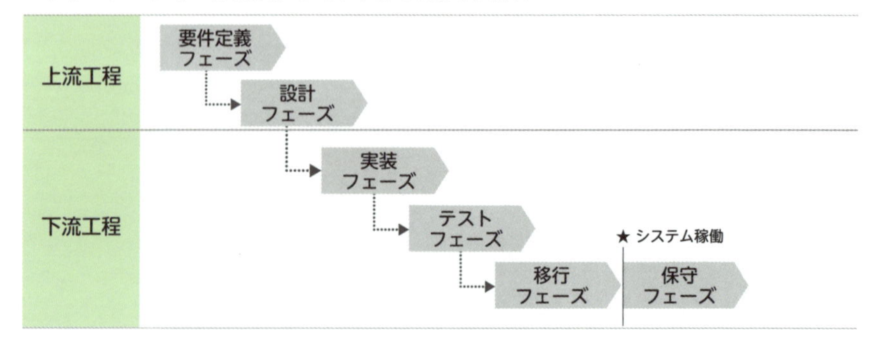

各フェーズの定義

実際のSAPのプロジェクトは、フェーズと呼ばれる以下の作業工程の内容を定め、スケジュール化して、プロジェクトスケジュールを作成します。それぞれのフェーズでは以下のような内容を検討します。

■ 各フェーズの定義

作業工程	作業内容
要件定義フェーズ	最初のステップは、プロジェクトの目標や必要な機能、要件を明確にすることです。SAP導入後の新業務の業務内容・業務プロセスを定義すると共に、新業務を行う際のシステム化範囲および実現方式を定義します
設計フェーズ	要件定義フェーズで新規構築することが定義された機能について、その機能を実現するための外部仕様（画面、帳票、データ、インターフェース）、処理内容を定義します
実装フェーズ	基本設計フェーズで定義した外部仕様、処理内容を元にプログラム開発に必要な詳細な設計書を作成します。また、詳細設計に基づいてプログラム開発を実施し、開発した機能単体でのテストを実施します
テストフェーズ	開発された機能がシステム上で問題なく動作するかを確認するために、結合テストと総合テストを行います。また、業務観点からも問題なく業務が実施できるかの受入テストを実施します
移行フェーズ	SAPの運用開始にあたって必要となるデータ（マスタ・トランザクション）を移行します。また、事前に定義した手順に従って、現行システムからSAPへのシステム切替を行います
運用保守フェーズ	SAPでの本番運用において発生した問題の解決および円滑な定常運用化に向けたシステムサポートを実施します

まとめ

- **大規模なシステム導入であるSAPの導入では、ウォーターフォール方式が一般的に採用されています。**
- **SAPプロジェクトのスケジュールは、要件定義、設計、実装、テスト、移行、保守というフェーズで構成されています。**

34 要件定義フェーズ

要件定義では、SAP導入後の新業務の業務内容・業務プロセスを定義すると共に、新業務を行う際のシステム化範囲および実現方式を定義します。

フェーズの目的と位置づけ

要件定義フェーズは、システム導入プロジェクトの初期段階で極めて重要な位置を占めます。このフェーズの目的は、**ビジネスの要求や期待を具体的、かつ詳細に明らかにし、それをシステムの要件として正確に文書化すること**です。

後続フェーズの基礎となる内容の大部分をこのフェーズで決めるため、この段階での精緻な取り組みがプロジェクトの成功を左右します。位置づけとしては、要件定義は業務側とIT側の間の橋渡しをする役割を果たします。この時期に**業務側・IT側のキーマンと密にコミュニケーションを図り、双方の期待や認識のギャップを埋めることが重要**です。

SAPの導入プロジェクトが難航する場合の多くの原因が要件定義におけるシステム化要件にあると考えます。「今できていることを今までどおりのやり方でやりたい」という要求をそのまま実現しようとすると、標準機能では実現できず、追加開発での実現が必要となります。

そのため、導入手法にもAs-Is（従来のやり方）を踏襲するのではなく、パッケージ製品が想定するベストプラクティスであるTo-Beモデルに寄り添いながら、標準化すべきところは**クラウドERPに業務を合わせて導入する「Fit to Standard」の考え方の徹底が不可欠**となります。

フェーズの開始条件

要件定義フェーズを開始するためには、以下の条件を満たしていることが必要となります。

- プロジェクトの目的やビジョンが明確に定義されていること。
- 主要ステークホルダーが特定され、プロジェクトの実施推進体制が構築されていること。
- おおまかなSAPの導入対象モジュールやソリューション等のプロジェクトの検討範囲が決まっており、要件定義フェーズの実施計画および実施スケジュールが策定されていること。
- 必要なリソース（人、時間、予算）が確保されていること。

主なタスク内容

要件定義フェーズで実施する主なタスクは以下のとおりです。

プロトタイピング

業務ユーザーへのヒアリングを実施し、SAP導入後の業務要件/システム要件を検討・具体化します。通常は業務ごとにワークショップ形式で打ち合わせセッションを実施します。

SAPの標準機能を使って行う業務については、実際にSAP環境を使って実機を動かしながらやってみるプロトタイピングを行います。プロトタイピングとは、最初に試作品を作成し、アイデアやコンセプトを実物の形で具現化する手法です。

プロトタイピングは、事前に業務フローや業務シナリオを用意し、業務フローに沿った業務シナリオ単位で実施していきます。

Fit&Gap分析による評価

プロトタイピングの結果を基に、標準機能を用いて新しい業務が実現可能かどうかを評価します。標準機能で必要な機能要件が満たされる場合や、業務運用に問題がない場合は「Fit（フィット）」と判断します。それ以外の場合は「Gap（ギャップ）」とし、そのGapを解消するための代替案を検討します。Gapは通常、課題として管理され、実現手段の検討、要件の変更、またはシステムの対象外とするかを判断します。代替案の1つとして、ABAP言語を使用した追加機能の開発（以下、アドオン開発）があります。

評価の段階では、業務とシステムの適合性を評価するためにFit率を算出します。一般的に、パッケージ標準機能でのFit率は60～80%となることが多いです。このFit率が低いと感じるかもしれませんが、業務の全体最適化を目指していますので、Fitしなかった業務やシステム要件は独自性が強い可能性があります。**ゼロベースで考え、必要に応じてその業務をやめるか、業務を変えることで、最適化された業務プロセスを目指すことが業務変革のポイントとなります**。

環境構築

実機を利用したプロトタイピングを実施するため、環境構築を行います。プロトタイピングの段階では開発機に対して、プロトタイピング用の環境を準備します。SAPの環境についてはSAP社が推奨しているシステム構成として「**3システムランドスケープ**」という考え方があり、開発機、検証機、本番機の3環境から構成されます。環境については独立しており、パラメータ設定や開発オブジェクトについては移送という手段を通じて、他環境へ移行します。検証機は、QAS（品質保証システム）と位置づけられ、本番へ移送する前の最終チェックとなるテストを実施する環境となります。通常のソフトウェア開発のステージング環境の位置づけです。

■ 3システムランドスケープのシステム構成

アドオン開発の要件定義

Gapとなった機能要件のうち、追加開発する要件については、ヒアリングを実施し、アドオン機能の要件を具体化します。整理した内容をドキュメント化したのが、アドオン開発の要件定義書となります。要件定義書を作成する上でポイントとなるのは、**アドオン開発の工数を算出する際のインプット情報がきちんとヒアリングできていること**となります。どのような機能を開発するのかをきちんと把握しないと、開発難易度や開発工数にブレが生じることになります。

移行方針の作成

管理した情報と利用する機能がある程度、見えてきた段階で、移行対象や移行方針の作成を行います。移行方針は、既存のシステムから新しいシステムにデータや機能を移行する際の方針や方式となります。検討した結果を移行方針書として取りまとめます。個人情報や機密情報を取り扱う場合は、事前にデータマスキングの方針も定義することが望ましいです。

非機能要件の確定

新システムに求められる非機能要件（性能、可用性、保守性等）を具体化します。クラウドソリューションでシステムを実現する場合は、SAP社のSLAに準拠する形で整理します。

主な成果物

要件定義フェーズで作成する成果物には、以下の内容が含まれます。システムの全体像を可視化し、システム化の範囲を決定するとともに、新しい業務プロセスを定義する文書を作成します。

■ 要件定義フェーズで作成する主な成果物

成果物名	内容
プロジェクト実行計画書	プロジェクトのゴールを達成するまでにどのような手順で作業を管理・実施するかを定義した計画書
新業務プロセスフロー	SAPを導入した後の業務プロセス（業務手順・業務実施者等）を可視化したフロー図
Business Function Chart（BFC）	新業務プロセスに基づき、業務機能を大分類・小分類に分けた上で業務内容を一覧化した表
System Function Chart（SFC）	新業務プロセスに基づき、システム機能を大分類・小分類に分けた上でシステムに実装するべき機能を一覧化した表
カスタマイズ定義書	SAPの標準機能を使用するためにカスタマイズ設定する値を記載した定義書
アドオン機能一覧	追加開発が必要となる機能を一覧化した表
要件定義書	追加開発機能のシステム化要件を整理した文書
インターフェース方針書	SAPとのデータ連携が必要となるインターフェース機能に関する共通的な仕様・ルールを取りまとめた方針書
インターフェース一覧	SAPとのデータ連携が必要となるインターフェース機能の対向システム、連携内容を一覧化した表
権限設定方針書	SAPおよび関連システムについて、システム利用者の権限についての基本的な仕様・ルールを取りまとめた方針書
移行方針書	SAP導入時にデータ移行が必要となる対象範囲およびデータ内容を取りまとめた方針書
テスト方針書	後続のフェーズで実施するテストの種類・内容に関する基本的事項を取りまとめた方針書
非機能要件・インフラ要件定義書	SAP導入に必要となる非機能要件およびインフラ要件を取りまとめた文書

フェーズの終了条件

要件定義フェーズを終了して次のフェーズに移るためには、以下の条件を満たしていることが必要となります。

・新業務の全体像、業務の実施者、システム化範囲が定義されていること。

・Fit&Gapが整理され、システムの機能要件に対応方法（標準/開発）が完了していること。
・新システムにおける非機能要件が明確化されていること。
・移行対象データが特定されており、移行要件が一覧化されていること。
・成果物に対する関連ステークホルダーの承認が完了していること。
・次フェーズの計画が策定され、必要な体制・リソースの構築が完了、あるいは完了目途が立っていること。

注意すべきポイント

要件定義フェーズでは特に以下の点に注意して作業を進めていきます。

コミュニケーションの徹底

業務側・IT側双方のステークホルダーとのコミュニケーションを継続的に行い、確認した内容は文書に残し、認識の違いや作業の漏れを防ぎます。これにより、後の段階での手戻りを避けられます。

変更管理プロセスの設置

要件定義フェーズで決めた内容の変更はプロジェクト全体のスケジュールやコストに影響を及ぼします。そのため、**変更管理プロセス（検討タイミングや意思決定フロー等）を事前に定めておくことが重要**です。

まとめ

- **要件定義フェーズは、SAP導入後の業務内容とシステム範囲を定義し、ビジネス要求をシステム要件に文書化する重要な段階です。**
- **要件定義は、プロジェクトの成功を左右する重要な段階であり、システム要件を通じて業務側とIT側の橋渡し役を果たします。**
- **クラウドERPの導入では、「Fit to Standard」という考え方を徹底し、業務を標準機能に合わせることが不可欠です。**

35 設計フェーズ

設計フェーズでは、要件定義フェーズでシステム化する対象として整理した機能について、その機能を実現するための外部仕様（画面、帳票、データ、インターフェース）や処理内容を定義します。

フェーズの目的と位置づけ

設計フェーズの主要な目的は、**要件定義フェーズで定義された業務要件を元にシステム仕様を設計すること**です。具体的には、システムがどのように動作するべきか、データの構造、インターフェースの設計など、システムの全体像を明確にするとともに、各機能で必要となる処理内容を定義します。フェーズの位置づけとしては、このフェーズで設計した内容に基づいて追加機能を開発し、テストが行われます。

フェーズの開始条件

設計フェーズを開始するためには、以下の条件を満たしていることが必要となります。

- 要件定義フェーズが完了し、作成した成果物が承認されていること。
- 設計フェーズの実施推進体制が構築されていること。
- 設計フェーズの実施計画および実施スケジュールが策定されていること。
- 必要なリソース（人、時間、予算）が確保されていること。

主なタスク内容

設計フェーズで実施する主なタスクは以下のとおりです。機能ごとに外部仕様（画面、帳票、データ、インターフェース、具備すべき処理内容）および実装方法/方式を検討します。

カスタマイズ設定（パラメータ設定）

要件定義フェーズにおいて利用することが決定したSAP標準機能を使用するために必要となるカスタマイズ設定および動作確認テストを実施します。カスタマイズ設定はパラメータ設定ともいいます。パラメータはビジネス要件どおりに機能を動かすために決定する設定値をいいます。SAPではパラメータ設定で制御・コントロールできる範囲が、標準機能でのビジネス要件の実現範囲となります。

アドオン基本設計

アドオン機能に対する設計を行います。アドオン機能の基本設計書が成果物となります。また、外部システムと連携する機能を開発する場合には、インターフェースの設計も行います。

従来のアドオン開発では、主にABAP言語を使用していました。これは、SAP標準機能がABAP言語で開発されているため、同じ言語でアドオンを開発するのが一般的だったためです。

しかし、現在の「S/4HANA」環境では、Side by Side開発においてBTPが利用されているため、ABAPに限らず、さまざまなプログラミング言語での開発が可能になっています。これに伴い、基本設計書も使用するプログラミング言語に応じた形式で作成することが推奨されます。

特に、ABAP開発者の不足が課題となっているため、今後はJavaやJavaScript、さらにはノーコードツールを活用した開発が主流になると予測されています。

移行計画および移行設計

移行要件を元に、具体的な移行実施計画を策定します。移行対象と移行方式などを検討し、移行対象テーブルの一覧を作成したり、現行システムと新システムとの項目マッピング表を作成したりします。あわせて、必要に応じて移行ツールの設計・開発を行います。

データ移行の手順は、3つのステップに分かれています。まず、「データ抽出」では、現行システムからデータを取り出します。この作業は通常、保守ベンダーや顧客の担当者によって行われます。

次に、「データ変換」ステップでは、現行システムのデータと新システムのデータを整理し、変換する必要があります。これには、データの項目を調整し、新しいシステムに合わせるための手順の整理やツールを開発する作業が含まれます。このステップは、現行システムと新システムのデータ仕様を理解していることが重要であり、比較的、難易度が高い作業となります。

最後に、「データ投入」ステップでは、変換されたデータを新システムに投入します。大量のデータを一度に登録できるバッチインプットツール（一括登録機能）を事前に用意する必要があります。このステップは、新システムへのデータの正確な投入が必要となります。

■ データ移行の手順イメージ

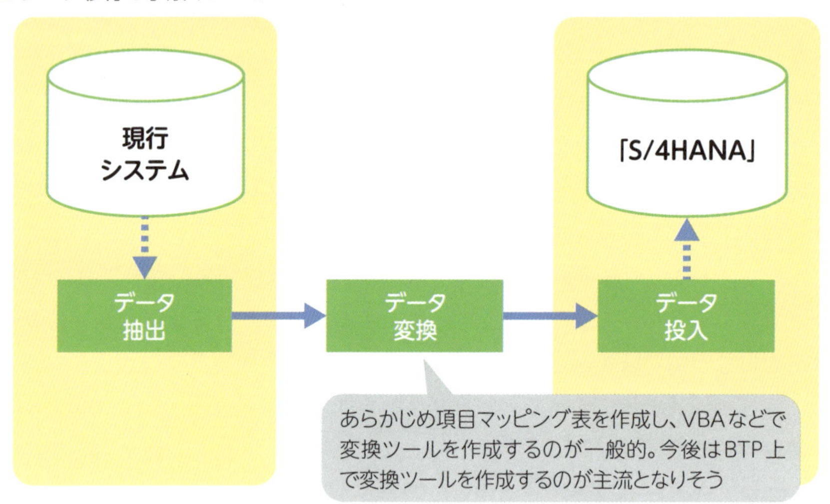

テスト計画の立案

テストフェーズの準備作業としてテスト計画書を作成します。テストは、**Vモデルの考え方を前提に立案**されることが多いです。Vモデル（V-Model）は、ソフトウェア開発プロセスの1つで、テスト活動を中心に据えた開発モデルです。このモデルは品質保証と品質管理を重視し、ソフトウェアが要求仕様に適合し、高品質なものとなるように設計されています。

全体テスト計画としてテストの種類を最初に定義し、テストごとにスコープ、実施者、実施方法を定義します。

■ Vモデルをベースにしたテスト計画

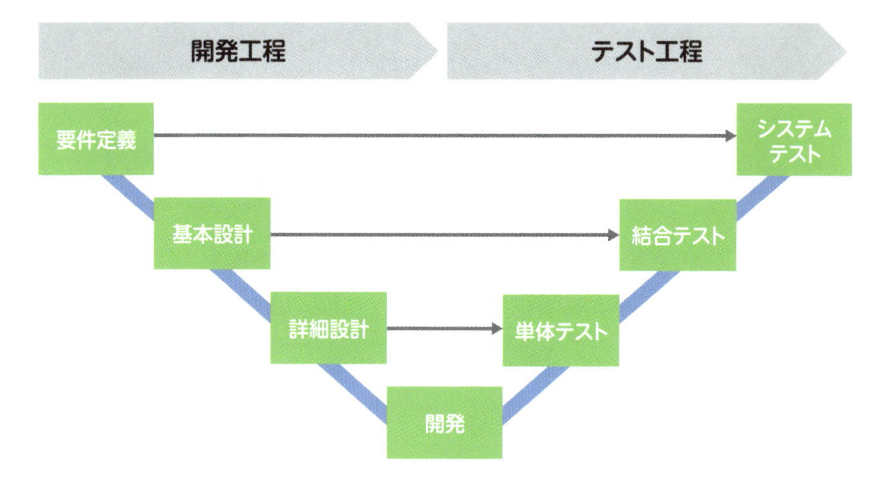

教育計画の立案

SAPを利用した業務や操作を習熟してもらうための教育計画を作成します。教育の目的は、「**業務の継続性の確保**」となります。新システムを利用した業務を理解し、システムの操作を習熟することで、稼働後、スムーズに業務が実施でき、早期に新業務が定着できるようにすることが目的となります。教育計画は、キーユーザー教育とエンドユーザー教育に分けて、教育の実施方法や実施スケジュールなどを作成することが一般的です。

キーユーザー教育

キーユーザー教育は、導入ベンダーが、業務担当者に対して、新しい業務手順や操作を習熟してもらうために実施するトレーニングです。また、キーユーザー教育の受講者である業務担当者がエンドユーザー教育の講師としてとなるようにトレーナーとして育成します。操作を習熟する中で、業務担当が教育コンテンツとして操作マニュアルを作成します。

エンドユーザー教育

エンドユーザー教育は、SAPシステムを利用する従業員に向けたトレーニングです。受講者が幅広いため、教育方法は対面での教育実施だけでなく、動画や操作マニュアルの配布などで対応することも多いです。

■ 新業務での運用に向けた教育方法

・教育はキーユーザー教育とエンドユーザー教育に分けて実施する。キーユーザー教育は受入テストの併せて実施することで操作の習熟を図る。また、キーユーザー教育の受講者がエンドユーザー教育の講師としてとなるように教育を実施する。

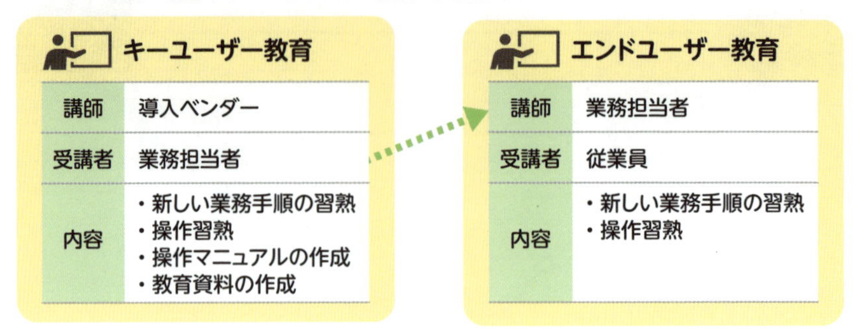

主な成果物

設計フェーズで作成する成果物は、主に以下のようなものが考えられます。基本設計書は、レビューを通じて業務ユーザーの承認を得ることで、仕様に対する合意を形成します。また、各種計画は後続の作業計画となるため、ユーザーの承認を確実に得ることが重要です。

■ 設計フェーズで作成する主な成果物

成果物名	内容
基本設計書	アドオン開発する機能についての外部仕様や処理内容などを定義した設計書
テスト計画書	後続フェーズで実施するテスト種類、テスト範囲、テスト実施者、テスト実施方法等を定義した計画書
移行計画書	SAP導入に伴い必要となるデータ、システム、業務の移行・切替の内容、実施タイミング、作業実施者等を定義した計画書
教育計画書	SAP導入に伴い必要となるユーザー教育の内容、実施タイミング、役割分担等を定義した計画書

フェーズの終了条件

基本設計フェーズを終了して次のフェーズに移るためには、以下の条件を満たしていることが必要となります。

・各機能の処理が定義され、基本設計書の作成が完了していること。
・移行計画が策定されていること。
・成果物に対する関連ステークホルダーの承認が完了していること。
・次フェーズの計画が策定され、必要な体制・リソースの構築が完了、あるいは完了目途が立っていること。

注意すべきポイント

設計フェーズでは特に以下の点に注意して作業を進めていきます。

要件の漏れや誤解による後戻りリスクの排除

基本設計書のレビューで要件定義との整合性を確認します。ギャップを発見した場合は速やかに調整を行います。特に予算やスケジュールへの影響が大きい問題は、ステークホルダーと協議し、慎重に対応方針を決定します。

テスト・移行・教育計画の早期確定

後続フェーズへの影響を考慮するため、設計フェーズで**テスト・移行・教育計画を作成し、早期にステークホルダーの承認を得ることが重要**です。

まとめ

- **設計フェーズでは、要件定義フェーズで整理した機能の外部仕様と処理内容を定義し、システム仕様を設計します。**
- **基本設計書と各種計画書は業務ユーザーの承認が必要。これらの合意は後続作業のベースとなるため、極めて重要です。**

36 実装フェーズ

実装フェーズでは、設計フェーズで定義した外部仕様、処理内容を元にプログラム開発に必要となる詳細な設計書を作成します。また、詳細設計に基づいてプログラム開発を実施し、開発した機能単体でのテストを実施します。

フェーズの目的と位置づけ

実装フェーズは、設計フェーズの後続作業で、実際にプログラムを作成するフェーズになります。**基本設計で決めた要件や仕様を具体的なシステム設計に落とし込み、実際のプログラムを開発すること**です。このフェーズはプロジェクト全体の中で最も技術的な要素が強く、この段階で作成されたプログラムの品質がプロジェクト全体の品質に大きく影響します。

フェーズの開始条件

実装フェーズを開始するためには、以下の条件を満たしていることが必要となります。

・基本設計フェーズが完了し、作成した成果物が承認されていること。
・実装フェーズの実施推進体制が構築されていること。
・実装フェーズの実施計画および実施スケジュールが策定されていること。
・必要なリソース（人、時間、予算）が確保されていること。
・プログラム開発環境・単体テスト環境の構築・準備が完了していること。

主なタスク内容

実装フェーズで実施する主なタスクは以下のとおりです。

詳細設計・開発

基本設計書を元に具体的な実装ロジックを検討して詳細設計書を作成します。詳細設計書は、設計者のレビューを受け、OKとなったものから、詳細設計書を元にプログラムを開発していきます。

製造が完了したプログラムは、プログラム単位に詳細設計どおりに動作するかの単体テストで検証します。

権限設計・設定

SAPに設定する権限ロールや付与する権限（データ照会・更新など）を定義します。SAPでは、ユーザーに対して「権限ロール」と呼ばれる役割を割り当てることで、権限の範囲内でSAPの機能を利用したり、データを更新または参照したりできるようになります。たとえば、経理部のAさんのユーザーに対して、経理部門の権限ロールを割り当てることで、振替伝票の入力ができるようになります。

権限ロールは、集合ロールと単一ロールに分かれておりますが、通常は、集合ロールがユーザーに割り当てられます。ユーザーに対して複数の権限ロールを割り当てることができます。

■ 権限管理の仕組み

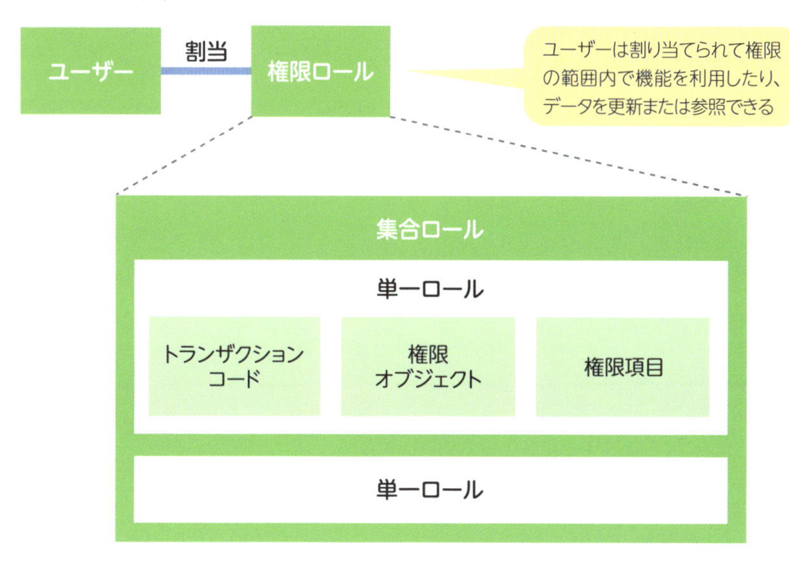

SAPの権限の構成要素は以下の3つとなります。最初に利用したい機能をメニューから選択して、その後、一つひとつの機能に対する具体的な権限内容を権限オブジェクト単位に設定していきます。

■ 権限の構成要素

項目	内容
トランザクションコード	システムで利用する機能を割り当てます。トランザクションコードは、機能を実行するための起動コードと考えてください
権限オブジェクト	権限制御の最小単位であり、トランザクションコードによる処理の単位で自動的に作成されます
権限項目	「権限項目」では、処理に対する具体的な制御を設定することができます。処理に対する実行権限やテーブルに対する更新権限や参照権限などを設定できます

運用設計

システム運用に必要となる運用設計を行い、各種運用ドキュメント（運用フロー・申請書、管理台帳、手順書等）を整備します。

主な成果物

実装フェーズで作成する成果物は、主に以下のようなものが考えられます。

■ 実装フェーズの主な成果物

成果物名	内容
詳細設計書	アドオン開発する機能についての処理内容などを定義した設計書
単体テスト仕様書兼 結果報告書	単体テストで実施するテスト内容・テスト条件等を定義した仕様書および結果報告書
権限メニュー・ ロール定義書、 権限マトリックス	SAPに設定する権限内容を定義した文書
運用ドキュメント	システム運用に必要となる各種ドキュメント（運用フロー・申請書、管理台帳、手順書等）

フェーズの終了条件

実装フェーズを終了して次のフェーズに移るためには、以下の条件を満たしていることが必要となります。

- すべてのプログラム開発が完了し、単体テストで動作検証が実施されていること。
- テスト結果が、プロジェクトで定める各種品質指標を達成していること。
- 成果物に対する関連ステークホルダーの承認が完了していること。
- 次フェーズの計画が策定され、必要な体制・リソースの構築が完了、あるいは完了目途が立っていること。

注意すべきポイント

実装フェーズでは特に、以下の点に注意して作業を進めていきます。

プログラム品質の担保

このフェーズで開発したプログラムの品質がプロジェクト全体の品質を左右するため、上級プログラマーによるソースコードレビューや単体テスト仕様書におけるテストパターンの抜け漏れがないようにレビューを強化するといった品質を担保する仕組みを導入する必要があります。

まとめ

- 実装フェーズでは、設計に基づいて詳細設計書を作成し、プログラムを開発・テストします。
- 技術的要素が強いため、開発したアドオンプログラムの品質がプロジェクト全体に影響します。そのため、レビューなどの品質を確保する仕組みが重要です。

37 テストフェーズ

テストフェーズでは、各機能がシステム観点から問題ないかの結合テスト、総合テストを実施します。また、業務観点からも問題なく業務が実施できるかの受入テストを実施します。

フェーズの目的と位置づけ

テストフェーズは、カスタマイズやアドオン機能開発によって実装されたシステムが、業務要件と一致するか、または期待される品質基準を満たしているかを確認するフェーズです。本フェーズの目的は、**システムに存在するエラーやバグを特定し、これを修正すること**で、システム運用後のオペレーションにおける不具合の発生リスクを最小化することです。このフェーズで実施したテストの結果を踏まえて、システムを本番稼働できるかどうかを評価して判断されます。

フェーズの開始条件

テストフェーズを開始するためには、以下の条件を満たしていることが必要となります。

・テストフェーズの実施推進体制が構築されていること。
・テストフェーズの実施計画および実施スケジュールが策定されていること。
・必要なリソース（人、時間、予算）が確保されていること。
・テストを実施する検証環境の構築・準備が完了していること。

主なタスク内容

テストフェーズで実施する主なタスクは以下のとおりです。

結合テストの実施

開発した機能と関連する機能を結合し、基本設計書どおりに動作するかを検証します。外部システムとのIF連携テストは、結合テストの1つとして実施します。

移行リハーサルの実施

移行データの品質確認および移行手順に従ったデータ移行作業を移行リハーサルとして実施します。一般的にシステムテストの環境構築時に移行リハーサルを実施します。

キーユーザー教育の実施

システムテストの実施前までにキーユーザー向けの教育を実施します。キーユーザー教育の実施により新しいシステムを利用した業務手順とシステムに対する操作の習熟を高めることがポイントとなります。

システムテストの実施

システムテストは導入ベンダーが実施するテストとユーザーが実施するテストがあります。総合テストは、ベンダーが業務フローをベースとした業務シナリオを元に、新業務が実現できることを検証するテストです。

一方、業務担当者による新システムを用いた業務運用の実現性の確認や機能の受入をユーザー受入テスト（UAT）として実施します。

主な成果物

テストフェーズでは、主に以下のような成果物を作成します。

■テストフェーズの主な成果物

成果物名	内容
テスト計画書	単体テスト、結合テスト、総合テスト、ユーザー受入テストなどに関するテストの実施範囲、スケジュール、役割分担を定義した計画書
テスト仕様書	各テストで実施するテスト内容・テスト条件等を定義した仕様書
テスト結果報告書	各テストで実施した結果についての報告書。一般的にはテスト仕様書兼報告書として仕様書と一体となった成果物が多い
移行リハーサル計画書	移行リハーサルの実施範囲、実施内容、スケジュール、役割分担等を定義した計画書
移行リハーサル結果報告書	移行リハーサルで実施した内容についての報告書
移行手順書	データ移行やシステム切替の手順をまとめた資料
操作マニュアル	業務ユーザーが教育で使用するためのマニュアル

フェーズの終了条件

テストフェーズを終了して次のフェーズに移るためには、以下の条件を満たしていることが必要となります。

- 計画された結合テスト/総合テスト/ユーザー受入テストがすべて完了していること。
- テスト結果が、プロジェクトで定める各種指標を達成していること。
- ユーザー受入テストの結果について、業務ユーザーからの承認が得られていること。
- 成果物に対する関連ステークホルダーの承認が完了していること。
- 次フェーズの計画が策定され、必要な体制・リソースの構築が完了、あるいは完了目途が立っていること。

注意すべきポイント

テストフェーズでは特に以下の点に注意して作業を進めていきます。

テストケースの網羅性

要件定義～詳細設計で定義したシステム仕様や業務シナリオが漏れなくテストケースに網羅されているかを確認すること。

リグレッションテストの実施

テストで見つかった不具合・バグを修正後に、修正内容が他の部分に影響を及ぼしていないかを確認するリグレッションテストを実施すること。

ドキュメンテーションの最新化

テスト時の修正内容を設計書に反映し、最新化します。ステークホルダーの承認を得て後続のフェーズや運用時に参照できるようにすること。

エンドユーザーの関与

ユーザー受入テストでは、実際のユーザーのフィードバックを重視し、システムが本稼働後の実際の業務に耐えられるかを確認すること。

移行データの品質確認

本番移行での不具合・課題の発生を避けるために、移行リハーサルの中で移行データの品質を確認し、事前にデータクレンジングを実施すること。

まとめ

- **テストフェーズでは、システム機能の結合テストや総合テストを行い、ユーザーが業務観点から受入テストを実施します。**
- **テスト実施を通じて、システム品質を最終チェックします。**

38 移行フェーズ

移行フェーズでは、SAPの運用開始にあたって必要となるデータ（マスタ・トランザクション）を移行します。また、事前に定義した手順に従って、現行システムからSAPへの切替を行います。

フェーズの目的と位置づけ

移行フェーズは、既存のシステムから新しいSAPシステムへのデータの移行と、新システムのリリースを対象としています。このフェーズの主な目的は、**正確で一貫性のある業務データを新しいSAP環境に登録し、システムを本番環境に導入すること**です。位置づけとしては、本番稼働前の最後のフェーズとなります。

フェーズの開始条件

移行フェーズを開始するためには、以下の条件を満たしていることが必要となります。

・テストフェーズにおける各テストが完了し、本番運用開始可能な状態であると評価・判定されていること。
・複数回の移行リハーサルの実施が完了しており、移行手順、スケジュール、役割分担等が確立していること。
・システムを本番運用するために必要となる関連ドキュメントや運用手順が整備されていること。
・移行フェーズの実施推進体制が構築されていること。
・移行フェーズの実施計画および実施スケジュールが策定されていること。
・必要なリソース（人、時間、予算）が確保されていること。

主なタスク内容

移行フェーズで実施する主なタスクは以下のとおりです。

本番環境の構築

本番環境に対して、パラメータ設定や開発したプログラムを移送します。

エンドユーザー教育の実施

SAPシステムを利用する従業員に向けてエンドユーザー教育を実施します。教育の実施方法についてはさまざまですが、教育実施後にアンケートを行います。新システムを利用した新しい業務手順の理解や操作に対する習熟度合いを定量化して、ユーザーの習熟度合いを可視化します。

データ移行

各種マスタデータ（勘定コード、得意/仕入先、取引先等）および各種トランザクションデータ（勘定残高、未決済明細等）を移行します。一般的に移行作業は1日では完了しませんので、移行期間全体のタイムスケジュールを事前に作成し、手順に従って計画どおり、移行作業が進んでいるか進捗確認しながら、移行作業を実施します。

システム移行

あらかじめ整備した移行手順書に従って、新旧システムおよび周辺システムの切り替えを行います。すべてのカスタマイズと開発オブジェクトが移送され、データ移行作業が完了した段階で、本番稼働判定を実施します。稼働判定を実施された後に新システムと旧システムとの切替作業を行います。対抗先となる周辺システムとの連携の切替もこのタイミングから実施します。

主な成果物

移行フェーズでは、主に以下のような成果物を作成します。

■移行フェーズの主な成果物

成果物名	内容
本番移行・ 切替結果報告書	本番環境へのデータ移行およびシステム切替を実施した結果を取りまとめた報告書

フェーズの終了条件

移行フェーズを終了して次のフェーズに移るためには、以下の条件を満たしていることが必要となります。

・すべての必要なデータが新しいSAPシステムに正確に移行されていること。
・移行後の検証が完了し、データの完全性や正確性が確認されていること。
・パラメータ設定やプログラムが本番環境に正常に移行され、本番運用が開始できる状態にあること。

注意すべきポイント

移行フェーズでは特に以下の点に注意して作業を進めていきます。

データのバックアップ実施

本番データ移行前に、既存システムのデータをバックアップすることで、問題が発生した場合のリスクを軽減できます。必要に応じて、システム全体のバックアップも取得します。

システム切替リハーサルの実施

実際の本番システム切替の前に、テスト環境でシステム切替のリハーサルを行い、手順を確認しておくことが重要です。リハーサルでは実際にシステムを切り替えるわけではないため、机上での手順確認が中心になります。

コンティンジェンシープラン（緊急時対応計画）の作成

本番データ移行やシステム切替作業で不測の事態が発生した場合に備えて、現行システムへの切り戻し等の**コンティンジェンシープランを事前に作成して**

おくことが重要です。具体的には、事前に復旧手順と担当者の役割分担を決めておきます。また、トラブルが発生した際に関係者全員に迅速に連絡が行き届くよう、連絡体制を整えておきます。

COLUMN

SAP製品の学習方法

SAP製品について学習するにはさまざまな勉強方法があります。特にSAP製品は広範囲にわたるため、まずは特定のモジュールや領域に焦点を当てて学習を始めるのが効果的です。

■ 学習方法

学習方法	内容
SAP公式トレーニング	学習プラットフォームであるSAP Learning Hubではオンラインコースやe-learningが提供され、認定トレーニングセンターでは対面講座が行われますが、どちらも料金が高いです
オンライン学習プラットフォーム	Udemy、Coursera、edXでSAPの多様なコースが受講可能です。費用は比較的低く、自分のペースで学べますが、主に英語のコンテンツが提供されており、日本語は少ないです
SAP Community Network	SAPの公式コミュニティではフォーラムやブログで情報交換が可能です。実務者の経験や最新情報が得られる貴重なリソースですが、英語が主な言語です
書籍やブログ	SAP関連書籍は全体の理解に役立ちます。現役コンサルタントのブログからは具体的なモジュール設定や技術情報を学べます

まとめ

- **移行フェーズでは、運用開始に必要なデータを移行し、定義された手順に従って現行システムからSAPに切り替えます。**
- **システム切替のトラブルに備えて、コンティンジェンシープラン（緊急時対応計画）を作成しておくことが重要です。**

39 運用保守フェーズ

運用保守フェーズでは、SAPでの本番運用において発生した問題の解決および円滑な定常運用化に向けたシステムサポートを実施します。

フェーズの目的と位置づけ

運用保守フェーズは、**本番稼働したSAPシステムの持続的な性能と安定性を確保し、何か問題が発生した場合にすぐに対処できること**を目的としています。位置づけとしては、SAPシステムが本番環境で動作開始した後、システムを安定的に稼働・運用する期間となります。

フェーズの開始条件

運用保守フェーズを開始するためには、以下の条件を満たしていることが必要となります。

・移行フェーズが完了し、本番データ移行および本番システム切替が完了されていること。
・運用保守フェーズの実施推進体制が構築されていること。
・必要なリソース（人、時間、予算）が確保されていること。

主なタスク内容

保守運用フェーズで実施する主なタスクは以下のとおりです。

インシデント対応

運用を開始すると、システムの利用ユーザーからさまざまな問い合わせが来ます。これら問い合わせの内容について対応策の切り分けを行います。インシシデントは、一般的には、「QA（質問）」、「障害」、「変更要求」の3つに分類されます。

障害対応

本番環境で発生したシステムやプログラムのトラブル時の障害対応を実施します。また、パフォーマンスに問題がある場合は、本番システムの動作状況を確認し、システムチューニング等の適切な対応を実施します。

保守対応

システムの保守作業には、新しいSAP標準機能の追加、バージョンアップ、セキュリティ対策のためのアップデートやパッチの適用が含まれます。アドオン開発を実施している場合、バージョンアップ時には事前に影響調査を行い、影響がある場合にはアドオンプログラムの修正も必要です。このため、大規模な作業になることが多いです。

また、システムを利用する中で、業務要件の変更やユーザーからの改善要望に基づくシステムの変更対応も行います。

SAPのユーザー管理は、定期的に行う重要な作業です。業務ユーザーからのリクエストに応じて、新しいユーザーの登録や既存ユーザーの削除を行います。また、ユーザーが業務を遂行するために必要な権限を適切に付与します。

■ 運用保守フェーズの作業全体の流れ

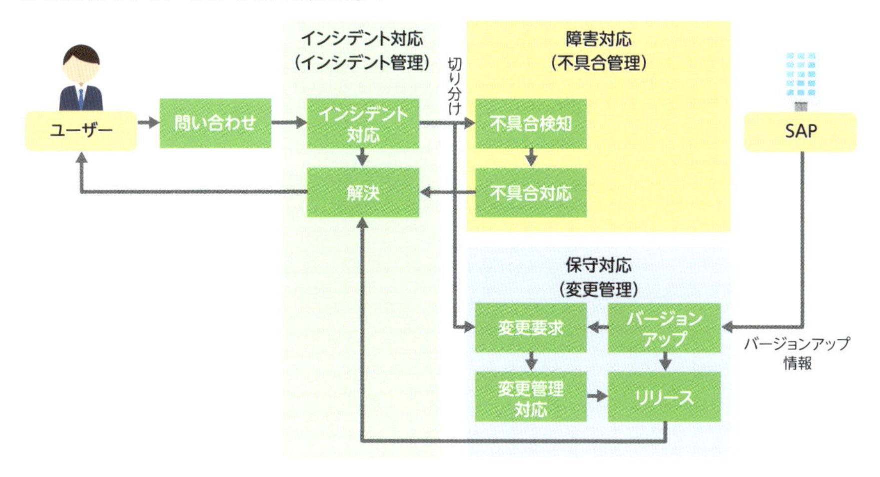

主な成果物

保守運用フェーズでは、主に以下のような成果物を作成します。

■ 保守運用フェーズの主な成果物

成果物名	内容
本番運用報告書	本番環境でのシステム保守運用状況を取りまとめた報告書
変更管理記録（チェンジログ）	システムの変更に関する詳細な記録（変更要求、実施内容、影響評価など）

注意すべきポイント

運用保守運用フェーズでは特に以下の点に注意して作業を進めていきます。

変更管理の徹底

変更管理の徹底は、システムの安定性維持に不可欠です。**変更の影響を慎重に評価し、承認プロセスを確立・遵守することが重要**です。変更後の検証を実施することで、リスクを最小限に抑えることができます。

ドキュメントの最新化

システムの変更やアップデートが行われるたびに、**関連するドキュメントを最新の状態に保つことが重要**です。システム品質が低いプロジェクトでは、ドキュメントの整備が不十分になりがちです。

「なぜSAPプロジェクトは難しいのか」失敗から学ぶ教訓

SAPプロジェクトの炎上は、多くの企業が直面する悩ましい問題です。その原因は複雑で多岐にわたりますが、いくつかの共通点があります。

まず、SAPシステムの複雑さを過小評価してしまうことが挙げられます。SAPは非常に高機能で柔軟性が高いシステムですが、それゆえに導入には高度な専門知識と経験が必要です。多くの企業がこの点を軽視し、十分な準備や人材確保をせずにプロジェクトを開始してしまいます。

次に、業務プロセスの標準化が不十分なまま導入を進めてしまうケースがあります。SAPは標準的なベストプラクティスに基づいて設計されていますが、多くの企業では業務プロセスがSAPの標準から大きく乖離しています。このギャップを埋めるためのカスタマイズやアドオン開発が必要となり、プロジェクトの複雑性と工数が増大してしまうのです。

さらに、ベンダーとの連携不足も炎上の一因となります。SAPの導入には高度な専門性が必要なため、多くの企業は外部ベンダーに依存します。しかし、ベンダーとのコミュニケーション不足や役割分担の曖昧さにより、プロジェクトが混乱することがあります。

過去のSAPプロジェクトの失敗例から教訓を得ることで、今後のプロジェクトをより成功させやすくなります。

まとめ

- 稼働直後のシステムトラブルを避けるためには、手厚いフォロー体制を整えることが重要です。
- システムを安定的に運用・保守するためには、運用後の成果物ドキュメントを最新の状態に保つことが重要です。

40 アジャイル思考の「SAP Activate 方法論」

これまでウォーターフォール方式に沿った導入作業の流れを説明しましたが、アジャイル思考での導入論としてSAPが提案する「SAP Activate方法論」を紹介します。

SAP Activate方法論とは

ソフトウェアの開発は複雑な作業です。効率的に進め、ミスを減らすためには、何をどの順番で行うか、どのような考え方で進めるかを明確にする方法論が必要です。SAP Activate 方法論は、SAPのソフトウェアを効率よく確実に開発・導入するための手順やノウハウをまとめたものです。この方法論はアジャイル開発の考え方に基づいており、変更に柔軟に対応しながら質の高いソフトウェアを作成することを目指しています。

■ SAP Activate方法論

［出典：SAP Learning Hub資料より画像転用］

主な特徴

フェーズ分け

この方法論では、プロジェクトをいくつかのフェーズ（段階）に分けて取り組みます。各フェーズで何をすべきかが明確に定義されているため、順序よく作業を進めることができます。また、各フェーズの品質を担保するため、**「Qゲート（クオリティ・ゲート・システム）」が採用**されています。

ベストプラクティス

SAPは長年の経験から得られたノウハウを「ベストプラクティス」として共有しています。これを参考にすることで、より効果的な開発が行えます。

アジャイル開発

変更や新しい要求に迅速に対応することを重視しています。そのため、最初の段階では計画を細部まで作成せず、おおまかな目標だけ定めてスタートします。実際に要求に合わせてシステム開発していく中で、計画を精査していきます。これにより、顧客のニーズに合わせたソフトウェアを効率よく作成することができます。

フェーズの説明

「SAP Activate方法論」のフェーズは大きく4つです。

準備フェーズ

プロジェクトの目的や範囲を定義します。また、必要なリソースやチームの役割もこの段階で決めます。SAPのソリューション評価を行うための環境セットアップもこのフェーズで行います。

評価フェーズ

評価フェーズでは、前述した「Fit to Standard」という考え方に沿って、「SAP Best Practices」を使用し、ガイドラインに沿ってFit&Gap分析を進めます。

その中で、各自の要件にシステムを完全に適合させるには何をすべきかを見極めます。

実現フェーズ

ソフトウェアの実際の開発を行います。開発は、スクラムチームを作り、アジャイル開発の手法に沿って行われます。この段階で、作成したソフトウェアをテストしながら、必要に応じて調整を行います。また、このフェーズでは、「SAP Best Practices」に従ってデータ移行、カスタマイズ、拡張を行います。

実装フェーズ

開発したソフトウェアを実環境に導入し、動作確認を行います。必要に応じて更新や改善を実施し、ユーザーへの教育も行います。

「SAP Activate方法論」の実際

「SAPのActivate方法論」はアジャイル開発を重視した優れたアプローチですが、大規模プロジェクトでの採用はまだ少ないのが現状です。多くの場合、その基本的な考え方を取り入れつつ、実際のマスタスケジュールやWBSについてはウォーターフォール方式を組み合わせたハイブリッド型が採用されています。今後、モジュールの段階的な導入が主流になれば、「SAP Activate方法論」に基づいたアプローチが標準になってくるのではないでしょうか。

まとめ

- **SAP Activate 方法論は、SAPのソフトウェアを効率よく確実に開発・導入するための手順やノウハウをまとめたもので、アジャイル開発の考え方に基づいています。**
- **大規模プロジェクトではウォーターフォール方式とアジャイル開発を組み合わせたハイブリッド型が採用されています。**

10章

その他のソリューション「SAP S/4HANA LoB Solutions」

SAP社は、S/4HANAだけでなく、業種別・業務別・会社規模別のさまざまなソリューションをクラウドベースで展開しています。それらの主要なソリューションについて解説します。

41 業種別ソリューション Industry Cloud

企業はそれぞれ異なる業種に属しているため、その業種特有の課題やニーズが存在します。そこで、SAPは「Industry Cloud」というソリューションを提供しており、それぞれの業種に特化したソフトウェアを用意しています。

「Industry Cloud」の概要

「Industry Cloud」は、文字どおり**業種に特化したクラウドソリューション**を意味します。「Industry Cloud」は、特定の業種のために設計されたソフトウェアを、クラウド上で提供します。現在は、25の業種向けに業務領域や業務部門に適したビジネスアプリケーションが用意されています。

■Industry Cloudのイメージ図

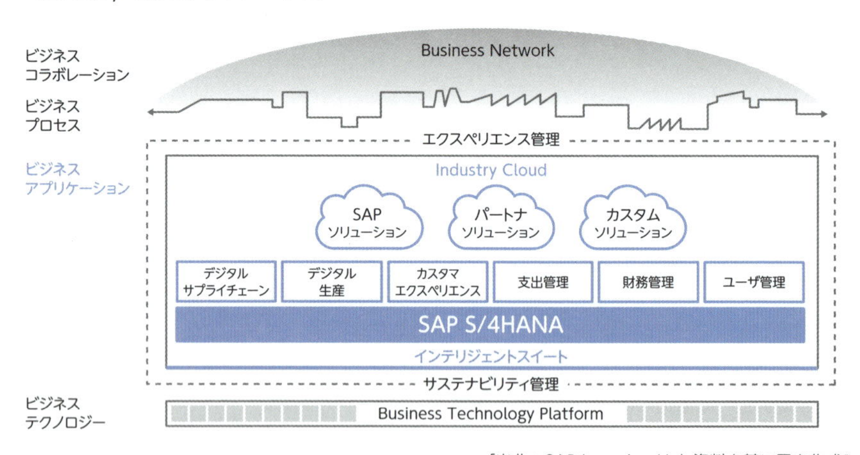

［出典：SAP Learning Hub資料を基に図を作成］

なぜ「Industry Cloud」が必要なのか

企業が業務を行う上で、一般的なソフトウェアだけでは足りない場面が多くあります。たとえば、製薬会社と銀行では業務の内容や必要な機能が大きく異なります。そのため、それぞれの業種に合わせたソフトウェアが必要となります。「Industry Cloud」は、このような業種特有の要求を満たすためのソリューションを提供します。

「Industry Cloud」の利点

「Industry Cloud」の最大の利点は、**業種特有の要求に迅速に対応できること**です。企業は、導入時に大量のカスタマイズをせずに、必要な機能を即座に利用することができます。これにより、導入コストの削減や業務効率の向上が期待できます。

また、クラウドベースであるため、システムの更新や保守が容易です。新しい機能や改善が定期的に提供されるため、企業は常に最新のソリューションを手に入れることができます。

企業が効率的に業務を進めるためには、その業種に合わせた最適なソフトウェアが必要です。「Industry Cloud」は、そのニーズをしっかりと捉え、多岐にわたる業種の企業に最適なソリューションを提供しています。

主な業種とその特性

「Industry Cloud」は、多岐にわたる業種に対応しています。以下に、主な業種とその特性を挙げます。

製造業

製品の設計、生産、在庫管理など、製造プロセス全体を支える機能を提供します。サプライチェーン全体のリアルタイムの可視化を実現し、在庫レベルの削減や納期の短縮につなげます。また、IoTセンサーからのデータを活用した予知保全により、機器の故障を事前に予測し、ダウンタイムを最小限に抑えます。

小売業

顧客行動分析、需要予測、価格最適化などの機能を通じて、パーソナライズされた顧客体験を実現します。オムニチャネル戦略をサポートし、実店舗とオンラインの統合的な在庫管理や販売分析を可能にします。また、AIを活用した需要予測により、過剰在庫や品切れのリスクを低減します。

銀行・金融

　リアルタイムの取引監視、詐欺検知、コンプライアンス管理など、金融機関特有の要求に対応します。顧客データの統合管理により、個別化されたサービス提案を可能にし、顧客満足度の向上につなげます。また、ブロックチェーン技術を活用した安全な取引プラットフォームを提供します。

公共セクター

　市民サービスのデジタル化、データ駆動型の政策立案、災害対策支援など、行政サービスの効率化と質の向上を実現します。オープンデータの活用や市民参加型のプラットフォーム構築により、透明性の高い行政運営をサポートします。また、AIチャットボットによる問い合わせ対応など、市民サービスの24時間化も支援します。

ヘルスケア

　電子カルテ管理、医療機器データの統合、臨床試験管理など、医療機関の業務効率化を支援します。患者データの安全な共有と分析により、個別化医療の実現や治療効果の向上をサポートします。また、AIを活用した画像診断支援や疾病予測モデルの構築も可能です。

エネルギー・公益事業

　スマートグリッド管理、エネルギー需要予測、設備保守最適化など、エネルギー事業者の効率的な運営を支援します。再生可能エネルギーの統合や電力需給バランスの最適化により、持続可能なエネルギー供給を実現します。また、ドローンやIoTセンサーを活用した遠隔監視システムにより、設備保守の効率化と安全性向上を図ります。

COLUMN ブラウン、グリーン、ブルー？「S/4HANA」の3つの移行方法

「S/4HANA」への移行は、多くのSAPユーザー企業が直面している重要な課題です。「SAP ERP」から「S/4HANA」への移行には「システムコンバージョン」、「新規導入」「選択データ移行」の3つのアプローチ方法があります。これらの方法にはそれぞれ特徴があり、違いを理解することが大切です。

まず「ブラウンフィールド（Brownfield）」は、既存のSAPシステムから「S/4HANA」へのシステムコンバージョンを行う方法です。この方法では、現行システムの構造やデータをできるだけ維持したまま移行を行います。既存のビジネスプロセスやカスタマイズを活かせる一方で、「S/4HANA」の新機能を十分に活用できない可能性があります。

次に「グリーンフィールド（Greenfield）」は、新たに「S/4HANA」システムをゼロから構築する方法です。この方法では、現行システムと切り離し、最適なビジネスプロセスに基づいて新しいシステムを設計・導入します。「S/4HANA」の最新機能をフルに活用でき、業務プロセスの抜本的な見直しが可能ですが、データ移行や業務プロセスの変更が大規模になるため、時間やコストがかかる傾向があります。

最後に、「選択データ移行」があります。この方法では、既存システムから必要なデータだけを選んで「S/4HANA」に移行します。「BLUEFIELD」と呼ばれる手法もこの一種で、シェルコンバージョン技術を使って、システムの基本構造とデータを分離し、必要なデータだけを新しい「S/4HANA」環境に移行します。これにより、ブラウンフィールドとグリーンフィールドの利点を組み合わせ、既存のデータや処理を活かしつつ、新しい機能も導入できます。

各アプローチにはそれぞれメリットとデメリットがあるため、企業の状況や目標に応じて最適な方法を選択することが重要となります。

まとめ

- **「Industry Cloud」は、業種ごとの課題やニーズに対応するクラウドソリューションで、現在25業種向けに特化したビジネスアプリケーションが提供されています。**
- **「Industry Cloud」の利点は、業種特有の要求に迅速に対応でき、導入時に大量のカスタマイズが不要なことです。これにより導入コスト削減と業務効率向上が期待できます。**

顧客管理の「SAP Customer Experience」

「SAP Customer Experience（以下、CXと記載）」は企業が顧客との関係を管理し、顧客体験と顧客満足を向上させるためのクラウドサービスです。

SAP CXの概要

「CX」は、**企業が顧客との接点をすべて管理する**ためのソフトウェア群です。これには、商品の販売からアフターサービスまで、さまざまなプロセスが含まれます。企業は、このソフトウェアを使うことで、顧客との関係をより良好にし、ビジネスを成長させることができます。

「CX」は、**顧客管理やマーケティング・営業活動を包括するプラットフォーム**ですが、実際には業務ごとに製品が異なり、複数の製品の組み合わせで構成されています。各製品は単独または任意の組み合わせで段階的に導入することができます。

■「SAP Customer Experience」の全体像

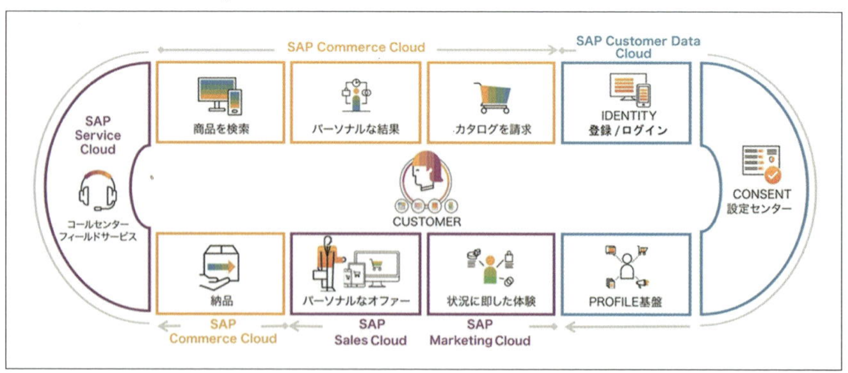

[出典：SAPジャパン公式ブログより画像転用]

なぜCXが必要なのか

企業の成功において、顧客は重要な成功要因です。顧客体験を通じて、顧客が満足すれば、商品を繰り返し購入したり、他の人に推薦してくれたりすることが期待できます。そのため、顧客との関係を良好に保つことは、企業にとって非常に重要です。

「CX」は、企業が顧客とのすべての接点を一元的に管理し、最適なサービスを提供するための支援をします。たとえば、ある顧客が最近どの商品を購入したのか、何に興味を持っているのかなどの情報を把握することで、その顧客に合ったサービスや商品を提供することができます。

インターネットやスマートフォンの普及を通じて、消費者行動は大きく変化しました。顧客は、興味のある情報や必要な情報を能動的に探すことができます。そのため、企業は**One to Oneマーケティング**というマーケティング戦略を通じて、顧客一人ひとりに最適なコミュニケーションを実施してアプローチすることが主流となってきています。

■ 主要なマーケティングキーワード

キーワード	内容
One to Oneマーケティング	顧客一人ひとりに対して最適化されたマーケティングアプローチ
カスタマーエクスペリエンス（Customer Experience、CX）	顧客がある製品、サービス、ブランド、または企業との相互作用を通じて感じる全体的な印象や感情のこと
オムニチャネル	顧客がオンラインとオフラインのさまざまな販売チャネルを通じて一貫したショッピング体験を享受できるようにする統合された販売およびマーケティングアプローチ
LTV（Lifetime Value）	顧客の生涯価値を示す指標。LTVは、特定の顧客が企業やブランドから何らかの商品やサービスを購入する期間にわたって、合計で企業に対してもたらす金銭的な価値を評価 LTVを計算するための基本的な式： LTV = 平均購買額 × 平均購買回数 × 顧客の寿命
リコメンデーション	特定のアイテムや情報、サービスなどを個々のユーザーや顧客に提案すること

CXの利点

CXは、企業が顧客との関係を管理し、向上させるためのソフトウェアです。さまざまな機能を通じて、企業は顧客のニーズや期待を満たすサービスや商品を提供することができます。

効率的な顧客管理

顧客とのすべての接点やデータを1つのシステムで管理することができるので、業務の効率が大幅に向上します。たとえば、複数の部門で別々に管理していた顧客情報をCXにより1つの顧客データベースに統合することできます。

顧客の満足度向上

顧客に合わせたサービスや商品を提供することで、**顧客満足度とLTVを向上**させることができます。

ビジネスの成長

顧客の満足度が向上すると、再購入や新しい顧客の獲得が期待でき、ビジネスの成長につながります。

CXの主な機能

CXにはいくつかの主要な機能があります。以下に、それぞれの機能について簡単に説明します。

Customer Data Cloud（顧客データの管理）

顧客の情報や購買履歴、興味・趣味などのデータを一元的に管理できます。安全なアクセス方法を提供し、個人情報を保護しながら、顧客データを収集することができます。EUをはじめとする各国のデータ保護規制にも対応しています。顧客理解を深めるためには必ず顧客データ分析が必要となります。

Commerce Cloud（販売・eコマース）

オンラインや実店舗での商品の販売や販売チャネルを管理できます。顧客に対してどこで購入しても一貫性のあるショッピング体験を提供するとともに、個人に適したコンテンツを提供することで顧客の購入を促進させます。

Marketing Cloud（マーケティング）

顧客データを一元管理し、顧客一人ひとりにあった顧客体験を提供することができます。また、機械学習を活用してターゲット顧客を特定し、最適な製品やキャンペーンを決定することができます。さらに、データに基づく意思決定を強化し、マーケティングプロセスの透明性を高めます。

Sales Cloud（セールス）

顧客情報や購入履歴情報を元に、AIを利用して購入の機会を増やします。同時に、価格設定や見積もり、サブスクリプション管理の請求などの業務を自動化して、営業効率を向上させます。また、営業チームの商談活動、成績なども可視化することができます。

Service Cloud（サービス）

アフターサービスや顧客からの問い合わせの対応を効率よく行うための機能です。購入前の問い合わせや購入後のアフターサポートなどを顧客との接点となるコールセンター業務などを管理することができます。

まとめ

- 「CX」は、企業が顧客との関係を管理し、顧客体験と満足度を向上させるクラウドサービスです。販売からアフターサービスまでのプロセスを包括し、顧客管理やマーケティング、営業活動をサポートするソフトウェア群です。
- 顧客に合わせたサービスや商品を提供することで、顧客満足度とLTVを向上させることができます。

43 分析ソリューションの SAP Analytics Cloud

企業データを分析し、ビジネスの成長や改善に活用するビジネスインテリジェンス（BI）サービスです。新商品開発や経営計画立案など、企業の重要な意思決定をサポートする強力なツールとして、幅広い企業で採用されています。

「SAP Analytics Cloud」の概要

「SAP Analytics Cloud（アナリティクス・クラウド）」は、**クラウドベースのデータ分析ツール**で、ビジネスデータを正確に分析し、その結果を活用して将来の方向性を予測することを目的としています。このツールを使用することで、企業はさまざまなデータを視覚的に表示し、予測を立てたりすることができます。

■ SAP Analytics Cloudの全体図

なぜ「SAP Analytics Cloud」が必要なのか

企業は日々大量のビジネスデータを持っています。このデータを適切に分析することで、企業の現状や未来の方向性をより正確に知ることができます。「SAP Analytics Cloud」は、このようなデータ分析を簡単に行えるツールとして、多くの企業に役立っています。たとえば、ある商品がどれだけ売れたのか、どの地域でよく売れるのかなどの情報を知ることで、次回の商品開発や販売戦略を考える際の参考にすることができます。

「SAP Analytics Cloud」の利点

「SAP Analytics Cloud」は、企業が持っているデータを分析することによって、企業はデータから有益な情報を得ることができます。

データ一元管理で企業全体像を明確にする

さまざまなデータを一元的に管理・分析することで、企業の全体像を明確に捉えることができます。データソースは、SAP製品である「S/4HANA」のデータだけでなく、**SAP以外のデータ（ユーザーが作成したExcelデータでもOK）も連携することができます**。企業のあらゆるデータが分析対象になりえます。

経営ダッシュボードによる迅速な経営判断の支援

売上高や当期の純利益、営業利益率など、経営者が必要とする情報が、ダッシュボード上でグラフとして視覚的に示されます。これにより、**企業の全体的な状況をリアルタイムで把握**し、速やかな経営判断ができるようになります。

場所を選ばずアクセス可能

クラウドベースなので、どこからでもインターネットを通じてデータ分析を行うことができます。「SAP Analytics Cloud」というモバイルアプリがあり、モバイルからも簡単にアクセスすることができます。経営者は、外出先からでも自社の経営状況をすぐに確認できます。

HANAデータベースによる高速処理

「SAP Analytics Cloud」は、**HANAデータベースを採用**しています。HANAデータベースにより高速でデータ処理が可能となり、入出庫情報や会計情報など、大量のデータを必要とするKPI（重要業績評価指標）も瞬時に表示できます。

「SAP Analytics Cloud」の主な機能

「SAP Analytics Cloud」には、以下のような主要な機能があります。

分析・可視化（BI）

データを探索するとともに、データをグラフやチャートとして表示して、視覚的に理解しやすくします。あらかじめ、データをモデル化し、グラフやチャートなどのオブジェクトを「ストーリー」に追加することで、BIのダッシュボードが作成できます。「ストーリー」は、予実管理やパイプライン分析などの分析テーマだと考えてください。

■ BIダッシュボードイメージ

［出典：SAPジャパンの公開資料より画像転用］

予測・機械学習（Predictive）

過去のデータを基にして、未来のトレンドや状況を予測します。AIによる将来の予測分析や過去のデータからビジネスインサイト（洞察）を発見するスマート・アシスタント機能があります。

予算・計画（Planning）

企業の将来の計画や予算を立てる際の予算管理をサポートします。従来の

Excelベースの予算管理から開放され、クラウド上で予算と実績を管理することができます。特に予算管理についてバージョン管理ができるため、報告相手や報告時期などにより予算を複数案、システムの中で立案することができます。また、実績データについては「S/4HANA」をはじめ、他の業務システムから実績データを自動取得できるため、「SAP Analytics Cloud」上で、予算実績管理分析や売上見込分析が可能となります。

■ 統合化された予算計画

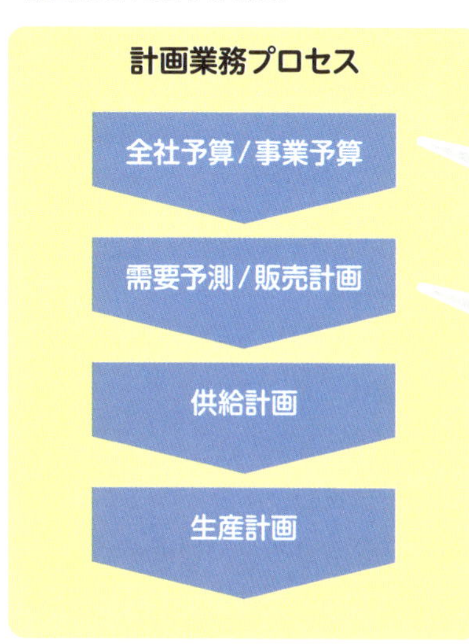

まとめ

- 「SAP Analytics Cloud」は、企業がデータを分析し、ビジネスの成長や改善に役立てるクラウドベースのBIサービスです。新商品の開発や経営計画の作成など、意思決定を支援します。
- どこからでもアクセス可能で、高速処理によりリアルタイムで経営状況を把握でき、迅速な経営判断を支援するビジネスインテリジェンス（BI）ツールです。

人材管理の「SAP SuccessFactors」

「SAP SuccessFactors」は、クラウドベースの人材管理ソフトウェアです。当初はタレントマネジメントツールとして開発されましたが、現在では人事業務全般を包括的に管理できるグローバル対応の人事システムへと進化しています。

「SAP SuccessFactors」の概要

「SAP SuccessFactors」は、人事管理や組織管理、給与管理といった人事給与業務といったコア人事業務だけでなく、人材育成、目標評価や要員分析など、あらゆる**人事業務を網羅した人事管理のソフトウェア**です。

「SAP SuccessFactors」は、世界で最も評価の高いクラウドベースの人事管理システムです。このシステムは、42カ国の言語で利用可能であり、2,000万人以上のユーザーと4,000以上の企業で利用実績があります。

「SAP SuccessFactors」は、人事業務を包括するプラットフォームですが、実際には業務ごとに製品が異なり、複数の製品の組み合わせで構成されています。各製品は単独または任意の組み合わせで段階的に導入することができます。

■「SAP SuccessFactors」の全体像

要員管理	要員計画/要員分析				
タレントマネジメント	採用管理	学習管理	目標管理・評価	報酬管理	後任者管理キャリア計画
コア人事	人事管理	組織管理	給与管理	勤怠管理	

なぜ「SuccessFactors」が必要なのか

企業にとって、社員は非常に重要な存在です。社員の力を最大限に発揮し、適切に管理することで、企業全体の業績も向上します。さらに、優れた人材を確保し、その価値を長期間にわたって維持することは、競争が激しい現代において、社員のスキル向上やモチベーションの維持、幸福感の向上に対する重要な投資といえます。

そのためのシステムが、**タレントマネジメントシステム**です。タレントマネジメントシステムは、組織内の人材を効果的に管理し、育成し、活用するためのソフトウェアであり、一連の業務プロセスを統合したシステムです。

たとえば、新しい社員を採用する際、適切な人材を見つけ、選考する作業はとても大変です。しかし、このソフトウェアを使用すると、応募者の情報を一元的に管理し、選考のプロセスをスムーズに進めることができます。

「SAP SuccessFactors」の利点

「SAP SuccessFactors」を使用すると、社員の採用から育成、評価、適性配置などの人事業務を効率的に管理できます。

人事業務の効率化

さまざまな人事業務の作業を1つのシステムで行うことができるので、業務の効率が大幅に向上します。たとえば、採用管理については、求人の応募から選考手続き、採用から内定、入社までの一連の手続きをすべて管理することができます。

人事データの正確性

人事データの一元管理や自動化されたプロセスにより、申請の間違いや漏れが減少します。特に従業員自身が簡単に自分のプロファイルを更新して最新化することができます。

多言語対応

日本語、英語、中国語など42言語に標準対応しており、各国で働くグローバル人材を一元的に管理したい企業には最適なシステムとなります。

場所を選ばずアクセス可能

クラウドベースのため、場所を選ばず、いつでもどこでもアクセスできます。「SAP SuccessFactors」というモバイルアプリがあり、モバイルからも簡単にアクセスすることができます。

定期的なアップデート

クラウド上でのサービス更新が定期的に行われるため、**無償で法改正対応**してくれるだけでなく、最新機能を利用することができます。アップデートはSAP社が行い、自動で機能が追加されます。既存機能の改善について、SAPのコミュニティサイトを通じて、ユーザーの要望を収集し、定期的に機能の向上を行っています。

「SAP SuccessFactors」の主な機能

「SAP SuccessFactors」には、タレントマネジメントや人事・給与業務に必要な多くの機能が含まれています。主な機能を紹介します。

採用管理

新しい社員を採用する際の求人公開、応募管理、面接のスケジュールなどをサポートします。候補者の選考、面接スケジュールの調整など採用プロセスを効率化することで時間と費用を節約しながら、優れた人材を採用できます。

学習管理

社員の研修や教育を計画し、その受講状況や学習結果などを管理することができます。営業職や技術職などの職能別研修や管理職向けの階層別研修などさまざまな研修を計画し、受講させ、その結果を管理し、本人のキャリアアップを支援します。

目標管理・評価

社員と会社の目標を共有し、目標を設定します。目標に対する成果を評価し、フィードバックします。評価結果だけでなく、フィードバック面談の結果についてもシステム内で管理することができます。社員が目標に向かって取り組むことで、社員の成長と業績の向上につながります。

報酬管理

給与やボーナス、福利厚生などの報酬に関する情報を管理します。社員のパフォーマンスに応じた報酬を適切に設定することは、社員の定着率の向上にもつながります。設定した報酬は、人件費計画などに利用され、組織の人件費予算の算出などに活用されます。

人事管理

社員の個人情報や職歴、スキルなどのデータを一元的に管理します。人材データを最大限、効率的に活用することで、適切な要員配置をすることができます。社員プロファイルで社員のスキルや経歴を可視化し、人材検索へとつなげていけます。たとえば、経理部門の部長が急遽、退職することになった場合、空いた役職ポジションに対して、スキルや経歴などの条件を元に適任者をすばやく探し出し、後任者を配置することができます。

給与管理

給与、賞与、年末調整、社会保険など、日本を含むさまざまな国の法制度に対して標準機能で対応しています。

まとめ

- **「SAP SuccessFactors」はクラウドベースの人事管理ソフトウェアで、人事管理や組織管理、給与管理などあらゆる人事業務を効率的に管理できます。**

45 出張経費管理の「SAP CONCUR」

企業が日常の業務を行う際、さまざまな経費が発生します。出張の旅費や日常の小さな支出など、これらの経費をきちんと管理することは非常に大切です。SAPは、この出張経費管理をサポートするソフトウェア「SAP CONCUR」を提供しています。

「SAP CONCUR」の概要

「SAP CONCUR」は、**企業の経費・出張管理を効率化するクラウドソフトウェア**です。経費申請や承認、報告のプロセスを簡素化し、正確性を向上させます。主要製品の「Concur Expense」（経費管理）と「Concur Travel」（出張管理）を組み合わせることで、出張申請から予約、経費精算まで一元的に管理できます。これにより、企業の経費処理が大幅に効率化されます。

■「SAP CONCUR」の全体図

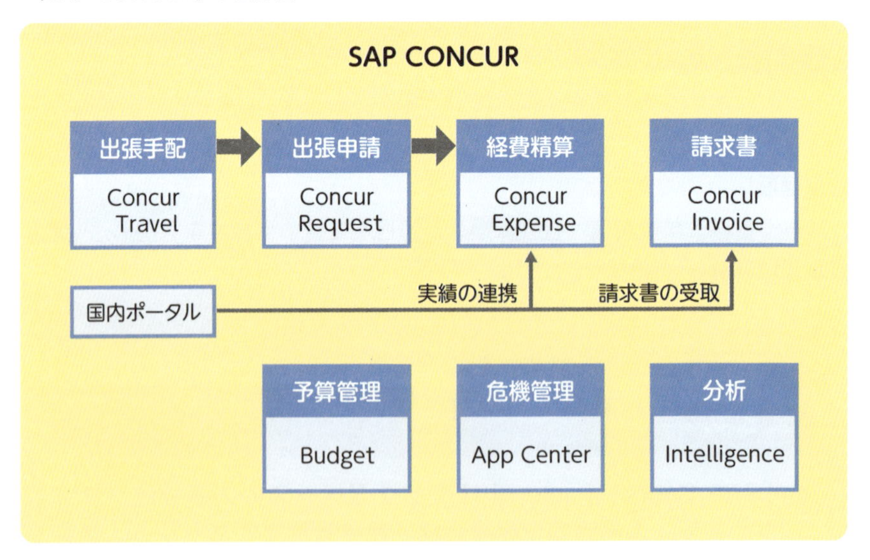

なぜ「SAP CONCUR」が必要なのか

経費管理は企業の財務に直接影響する重要なタスクです。誤った承認や申請の遅れ、不正経費は避けなければなりません。一方で、複雑な申請・承認プロセスでは従業員の効率を下げてしまいます。

「SAP CONCUR」は、これらの問題を解決するツールとして開発されました。経費の申請から承認、報告までを一元管理し、業務効率を向上させます。

また、出張の多い企業では、**ビジネストラベルマネジメント**の考え方が重要です。これは出張の計画、予約、管理、費用最適化を統合的に管理する手法です。グローバル競争が激化する中、日本企業にとって社員の渡航経費や渡航リスクを適切に管理することは危機管理の観点からも不可欠です。「SAP CONCUR」は、経費管理だけでなく、ビジネストラベルマネジメントを実現できる製品となります。

「SAP CONCUR」の利点

経費の申請や承認のプロセスを簡素化し、従業員や経理部門の作業負担を軽減します。また、クラウドベースのため、場所を選ばずに経費管理ができます。

効率的な経費管理

経費の申請や承認のプロセスがシンプルになるため、**従業員や経理部門の作業の効率が向上**します。またキャッシュレス決済にも対応していますので、紙の管理や現金でのやり取りを減らすことで業務効率化につなげることができます。一元管理により経理部門の業務負荷や管理コストの削減にもつながります。

経費データの正確性の向上

経費の入力ミスや二重申請などのミスを減少させることができます。経費規定チェック機能を利用することで誤った**経費申請や不正経費を防止**できます。

場所を選ばずアクセス可能

クラウドベースのサービスであるため、どこからでもアクセスして経費管理を行うことができます。移動時間など空いた時間にスマートフォンで経費精算を済ますことができます。

経費の透明性向上とスムーズな監査業務

どの経費がいつ、誰によって申請され、承認されたのかが一目でわかるため、**経費の透明性が向上**します。電子帳簿保存法にも対応しており、保存された証憑データはすぐに検索し、アクセスして確認することができますので、監査業務もスムーズに実施できます。

多言語対応

グローバルで利用されているソフトウェアであり、21カ国の多言語に対応しています。また、国外を含む法対応などのコンプライアンスにも対応しています。結果として海外支社があったり、海外取引が多かったりするグローバル企業に多く利用されています。

「SAP CONCUR」の主な機能

「SAP CONCUR」には、企業の経費管理や出張管理に関連する多くの機能が含まれています。主な機能を紹介します。

経費申請

従業員は簡単に経費を入力・申請できます。交通系ICカードやタクシーアプリなどさまざまな決済方法と連携し、経費入力の手間を大幅に削減します。利用実績の自動連携により、不正経費も防止できます。

さらに、「Expense IT」を利用すれば、経費明細の作成がさらに簡単になります。紙の領収書をスマートフォンで撮影するだけで、AI搭載のOCR機能が文字情報を読み取り、自動的に経費明細を作成します。これにより、経費処理の効率が大幅に向上します。

経費の承認

上司や経理部門の経費申請の承認プロセスを効率化します。自動チェック機能により、上司や経理部門は目視確認の負担なく経費を承認できます。また、少額経費の一括承認も可能で、承認作業の時間を大幅に短縮できます。

また、予算管理ツールの「Budget」を利用すれば、全体の予算を意識しながら、承認を判断することも可能です。

経費の分析

分析ソリューション「Intelligence」は、部門やプロジェクト別の支出状況を可視化し、詳細な分析ができる機能です。これにより、経費の傾向を把握し、効果的なコスト管理が可能になります。

経費精算

出張の交通費や宿泊費など、旅費に関する経費を管理するための機能です。

会計システムへの連携

経理部門での最終承認が完了すれば、「SAP CONCUR」から「S/4HANA」を含む会計システムへデータ連携することができます。

まとめ

- **「SAP CONCUR」は、経費と出張管理を効率化するクラウドソフトです。経費申請から承認、報告までを簡素化し、出張関連の全プロセスを一元管理できます。**
- **「SAP CONCUR」は、経費の入力ミスや不正申請を防ぎ、業務効率と経費管理の透明性を向上させます。**

46 間接材購買管理の「SAP Ariba」

企業は日常的にさまざまな物品やサービスを購入する必要があります。この購入活動を効率的に管理するためのソフトウェアが「SAP Ariba」です。

「SAP Ariba」の概要

「SAP Ariba」は、**企業の調達プロセスを効率化するクラウドベースのソフトウェア**です。世界中のサプライヤーとつながる「SAP Business Network」を活用し、物品やサービスの購入を迅速かつスムーズに行えます。主にバイヤー向けの機能を提供し、調達・購買・直接材の各ソリューションで構成されています。このプラットフォームにより、**企業は取引先との連携を強化し、購買活動全体を最適化できます**。結果として、コスト削減、リスク管理の向上、そしてサプライチェーン全体の可視性が実現します。

■「SAP Ariba」の全体図

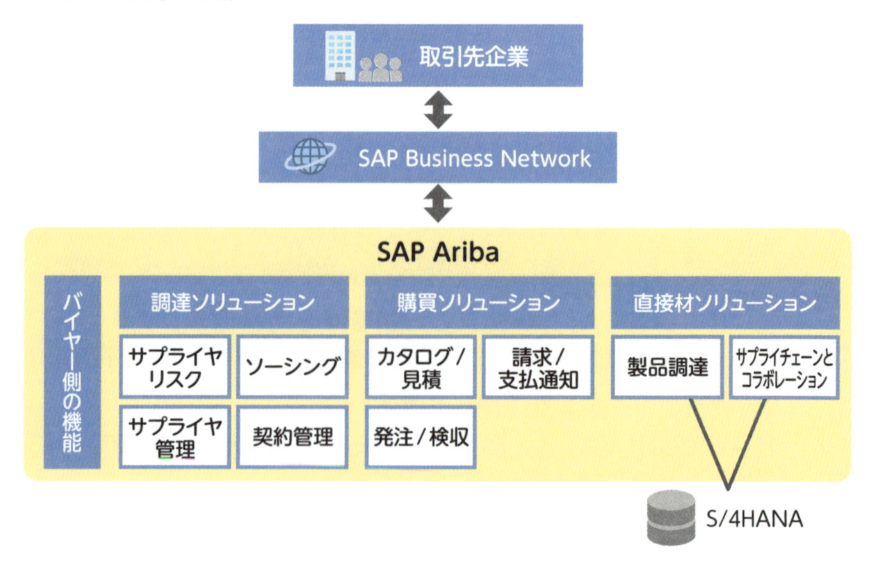

なぜ「SAP Ariba」が必要なのか

企業が物品やサービスを購入する際、正確な情報のもとで迅速かつ効率的に購入活動を行うことは非常に重要です。間違った購入や適切な時期に行われない購入は、企業の業務に支障をきたす可能性があります。「SAP Ariba」は、このような購入活動をスムーズに行うためのツールとして開発されました。

「SAP Ariba」の利点

「SAP Ariba」は、取引先とのやり取りから注文、請求まで購買プロセス全体を一括管理し、企業の購買業務効率を大幅に向上させます。

効率的な購買活動

調達プロセスを自動化することで手作業が削減され、誤りが減少し、時間と労力が節約されます。適切な時期に必要な量だけ購入するだけで無駄なコストを削減することができます。

サプライヤー管理

「SAP Ariba」は、サプライヤーの評価、パフォーマンス追跡、コラボレーションを通じて、**サプライヤーとの関係を強化し、信頼性の高いサプライチェーンを構築**することができます。

「S/4HANA」との連携

「SAP Ariba Cloud Integration Gateway (CIG)」を使用することで「S/4HANA」(またはSAP ERP 6.0)と簡単に連携することができます。具体的には、「S/4HANA」で作成された購買発注伝票は、「SAP Business Network」を通じて直ちにサプライヤーと共有され、サプライヤーが「SAP Business Network」で納期回答や出荷通知を行うと、その情報が「S/4HANA」の購買発注伝票と連携されます。

場所を選ばずアクセス可能

クラウドベースのサービスであるため、どこからでもアクセスして購買活動を行うことができます。

「SAP Ariba」の主な機能

「SAP Ariba」には、調達・購買活動に関連する多くの機能が含まれています。主な機能を紹介します。

ソーシング

ソーシング機能は、調達プロジェクトの全工程を効率化します。見積依頼から価格交渉、サプライヤー選定まで一括管理が可能です。見積内容をサプライヤーに公開し、受け取った見積を比較分析できるため、最適なサプライヤーを迅速かつ的確に選定できます。これにより、調達プロセスの透明性と効率性が向上します。

サプライヤーリスク

戦争や紛争、自然災害など供給リスクのあるサプライヤーの所在地や、サプライヤーが直面する可能性がある問題、リスクの影響を受ける注文と出荷に関する情報を管理して、発生するリスクに迅速に対応します。

サプライヤー管理

サプライヤー情報の登録、評価、認定を行い、サプライヤー情報を最適化します。

契約管理

サプライヤー企業の契約書データを保管し、自社の契約書テンプレートも管理できます。電子署名とDocusignを利用した電子契約により、契約締結をペーパーレスで行えます。これにより、契約の作成から監視まで一貫して管理でき、契約遵守の確保と業務効率の向上を実現します。

カタログ/見積

従業員はECサイト感覚で商品を選び、クリックだけで購入申請ができます。承認後は自動で注文書が発行され、適切な製品選択と迅速な調達プロセスを実現します。

発注/検収

購買依頼、注文、受け入れなどの購買プロセスを統合し、調達効率を向上させます。

請求/支払通知

電子請求の処理、承認、支払いの自動化を行います。受領した請求書は、発注金額と自動的に照合され、問題ない請求については、「S/4HANA」をはじめとする会計システムへデータ連携されます。

製品調達

企業の販売計画、生産計画、在庫情報と密接に連携し、スムーズな調達プロセスを実現します。直接材については「S/4HANA」に対してデータ連携することができます。

サプライチェーンとコラボレーション

サプライヤーとのリアルタイムな情報共有、在庫管理、生産計画の調整など、サプライチェーンの協力を促進します。

まとめ

- **「SAP Ariba」は、企業の調達・購買プロセスを効率化し、サプライヤーとの取引を迅速化するクラウドソフトウェアです。**
- **「SAP Ariba」は、取引先とのやり取りや調達作業を自動化することで、手作業とエラーを削減します。**

47 外部人材管理のSAP Fieldglass

企業が業務を行う際、自社の社員だけでなく、外部の専門家や一時的な労働者を雇うこともよくあります。このような外部の人材を適切に管理するためのクラウドサービスが「SAP Fieldglass」です。

「SAP Fieldglass」の概要

「SAP Fieldglass」は、**企業が外部の人材（例：派遣社員、一時的な労働者、専門家）を効率的に管理するためのクラウドサービス**です。企業は、このソフトウェアを使って、外部の人材の募集、採用、業務の進行、給与の支払いなどを一元的に管理することができます。

■「SAP Fieldglass」の概要

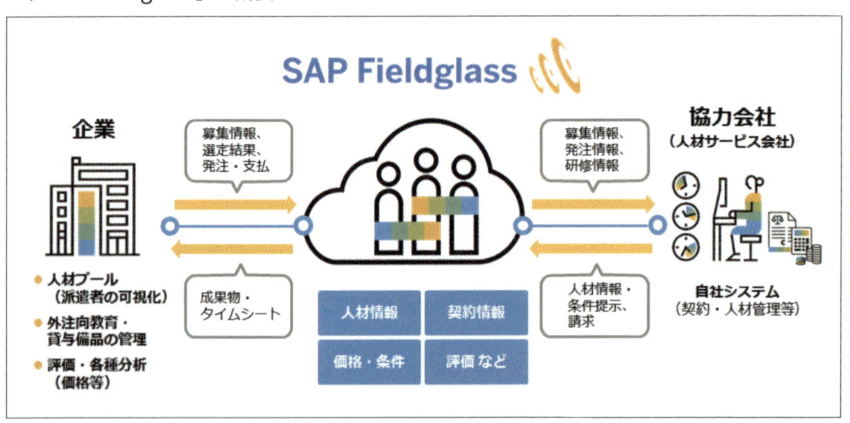

［出典：SAPジャパン公式ブログより画像転用］

なぜ「SAP Fieldglass」が必要なのか

外部人材は、企業が柔軟に業務を進めるための重要なリソースです。特に日本では、少子高齢化による労働力人口の減少が問題となっており、企業は外部人材の効果的な活用が求められています。しかし、外部人材の管理には、法的規制の遵守、契約条件の管理、パフォーマンスの評価と報酬設定など、正社員とは異なる課題があります。たとえば、外部人材の雇用に関する法的規制や契約条件の遵守、外部人材のパフォーマンス評価と適切な報酬設定が必要です。

「SAP Fieldglass」は、これらの課題を解決するためのツールとして開発されました。1つのシステムで外部人材の管理ができるため、企業は時間とコストを節約できます。

「SAP Fieldglass」の利点

「SAP Fieldglass」は、企業が外部の人材を効率的に管理するためのソフトウェアです。募集から採用、業務の進行、給与の支払いまでのさまざまなプロセスをこのソフトウェアを使用して行うことができます。

効率的な外部人材管理

1つのシステムで多くの**外部人材の契約情報を管理**することができます。これにより作業の効率が向上します。求人から契約、請求書の発行までのプロセスを標準化し、一元管理が可能となります。

正確な情報の提供

システムが提供する情報はリアルタイムで更新されるため、常に最新の情報を元に決定を下すことができます。意思決定者が労働力の状況やプロジェクトの進捗を把握するのに役立ちます。

コストの削減

効率的な管理により、無駄なコストを削減できます。たとえば、各拠点で独自に採用されている外部人材の単価は拠点ごとの判断に依存しがちですが、外部人材の単価を可視化することで、より適切な意思決定が可能になり、**コストの適正化**につながります。また、コンプライアンスを確保し、法的リスクを軽減することもできます。

「SAP Fieldglass」の主な機能

「SAP Fieldglass」には、外部の人材管理に関連するさまざまな機能が含まれています。主な機能を紹介します。

人材の募集

必要な人材のスキルや経験を定義し、適切な候補者を見つけるための機能です。求人、採用評価、契約の締結などの流れを管理します。外部人材の調達依頼機能があり、派遣会社や過去取引のあったフリーランス人材に人材のリクエストを送付することができます。

業務の進行管理

外部人材が行っている業務の進行状況を追跡し、管理する機能です。タイムシートによる作業者の労働時間の管理もできます。

報酬の支払い

外部人材に対する給与や報酬の計算と支払いを管理する機能です。外部のスタッフに関連するすべての費用を一元管理し、各部門や協力会社ごとに詳細なコスト分析ができるようになります。

パフォーマンス評価

外部人材の業績を客観的に評価し、フィードバックを提供する機能です。定量的指標と定性的フィードバックを組み合わせて公平な評価を実現します。

コンプライアンス管理

企業の法的リスクを最小限に抑えます。外部人材や請負業務に関する法規制への準拠を自動化し、資格や証明書の有効期限を追跡できます。

SAP社のデザインシンキングへの取り組み

デザインシンキング（デザイン思考）は、ユーザーの共感と満足を中心に据えた革新的な問題解決アプローチです。SAP社は、この手法を企業文化の核心に据え、常に顧客のニーズに寄り添う組織作りに成功しています。

SAP社のデザインシンキングへの取り組みは、2004年にスタンフォード大学との協業から始まりました。その後、独自の手法を確立し、社内外で積極的に展開しています。特筆すべきは、デザインシンキングを単なる手法としてではなく、企業文化として根付かせていることです。

デザインシンキングには、(1) ユーザーの共感と満足を重視する、(2) 問題定義と解決意図を明確にしてアイデアを創出・改善する、(3) バイアスや固定観念を取り除く、という3つの特徴があります。SAP社では、これらの特徴を活かし、VUCAの時代に対応した製品開発を行っています。インメモリデータベースの「SAP HANA」もデザインシンキングを通じて開発されました。

同社では、社員全員がデザインシンキングのトレーニングを受けることが推奨されています。これにより、部門や役職に関わらず、全社員が顧客視点で考え、創造的な問題解決を行うスキルを身につけることができます。また、顧客との共創の場として「SAP AppHaus」を世界各地に設置し、デザインシンキングを実践する環境を整えています。今後もデザインシンキングを活用して、顧客のニーズに応じた新しいイノベーションを生み出し、革新的なソリューションを創造することが期待されています。

まとめ

- 「SAP Fieldglass」は、企業が外部人材（派遣社員、一時労働者、専門家）を効率的に管理するためのクラウドサービスです。
- 外部人材の募集、採用、業務管理、給与支払いを一元管理することで、作業効率が向上し、コストと法的リスクを削減できます。

48 中堅企業向けの「SAP Business ByDesign」

中堅企業向けの経営支援システム「SAP Business ByDesign」は、複雑な業務を効率的に管理します。大企業ほどのリソースがなくても、情報や業務プロセスを効果的に運用できるよう設計されています。

「SAP Business ByDesign」の概要

「SAP Business ByDesign」は、**中堅企業向けに提供される、クラウドベースのSaaS型ERPシステム**です。ERPとして機能を網羅していますので、企業の販売、財務、人材管理、調達管理などの業務を1つのシステムで管理できます。ベストプラクティスを元にしたビジネスシナリオが複数、用意されており、すぐに標準化されたプロセスで業務を行うことができます。

また、インメモリデータベースを用いた**「HANA」データベースを採用**していますので、大量データを高速に処理することができます。

■「SAP Business ByDesign」の全体像

なぜ「SAP Business ByDesign」が必要なのか

中堅企業の多くは、事業成長に伴い業務が複雑化し、部門間の連携が困難になります。迅速な経営判断のためには、業務プロセスと情報の一元化が不可欠です。特に全社的に業務改革を進めたい場合には「SAP Business ByDesign」の導入が適しており、ベストプラクティスに基づいた業務改革が実現できます。

また、親会社がSAPのERPを使用している関連会社や海外子会社では、SAP製品間のデータ連携の親和性を活かせます。

「SAP Business ByDesign」の利点

「SAP Business ByDesign」は、販売、生産、人材管理など多様な業務を一元化し、複雑なプロセスを効率的に管理できます。

ビジネスプロセスの統合

さまざまな業務の情報を1つのシステムで管理できるので、部門や部署の境界を越えて、全体最適としてビジネスプロセスの効率化を図ります。最適化された業務プロセスで生産性が向上します。

低コストで導入可能

SaaS型のクラウドサービスとなっており、自社でのハードウェアやソフトウェア管理が不要なため、低コストで導入できます。サブスクリプション形式で利用状況に応じてライセンスを調整できます。

場所を選ばずアクセス可能

インターネット環境があればどこからでも業務が可能です。専用モバイルアプリ「SAP Business ByDesign Mobile」を使えば、スマートフォンやタブレットからも簡単にアクセスできます。

グローバル対応

多言語・多通貨対応に対応しているため、複数の国にまたがる海外関係会社展開に対して1つのシステムで対応することができます。また、現地と本国向けといった複数会計基準に対応した元帳を持つことができます。

短期導入

あらかじめ用意されたビジネスシナリオのテンプレートを活用し、**短期間でのシステム導入を実現**できます。平均導入期間は3カ月程度で、複数のグループ会社への同時展開も可能です。

「SAP Business ByDesign」の主な機能

「SAP Business ByDesign」には、企業の業務を包括的にサポートするための機能が用意されています。主な機能を紹介します。

ファイナンス(財務/経理)

財務会計と管理会計に対応しています。資金繰り状況がリアルタイムで把握できるキャッシュフロー管理機能があります。

顧客管理(CRM)

顧客情報の管理をはじめ、販促キャンペーンなどのマーケティングプロセスを管理することができます。また、営業部門の商談、営業活動などの営業プロセスに関しても管理することができます。

人事管理

組織と人材情報を効率的に管理できます。組織はツリー構造で表現され、従業員情報は「人員プロファイル」で管理します。勤怠管理や各種申請のワークフローシステムも整っています。ただし、給与計算機能はないため、給与処理はアウトソーシングが必要です。

プロジェクト管理

プロジェクトの進捗や収支をリアルタイムで把握できます。ガントチャートでWBS作成と要員割当を行い、効率的なプロジェクト管理を実現します。

調達・購買

仕入先や製品情報を一元管理し、需要計画から発注まで購買プロセス全体をカバーします。伝票フロー機能で進捗状況を簡単に確認でき、効率的な調達業務を実現します。

■ 購買プロセスシナリオ

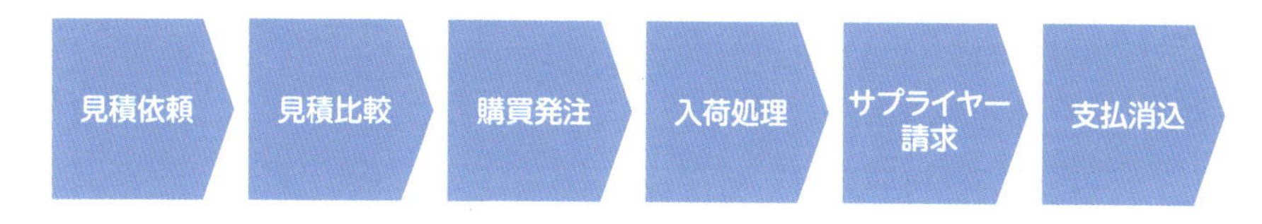

サプライチェーン管理

原材料から製品出荷までの製造プロセス全体を管理します。MRP機能により、受注に応じた原材料調達、製造工程、納期スケジュールを自動作成し、効率的なサプライチェーン管理を実現します。

■ 製造プロセスシナリオ

まとめ

- 「SAP Business ByDesign」は、中堅企業向けのクラウドベースのERPシステムで、販売、財務、人材管理、調達管理などを一元管理できます。
- ベストプラクティスを元にしたビジネスシナリオを提供しており、短期導入ができます。

49 中小企業向けの「SAP Business One」

「SAP Business One」は、中小企業向けに設計された、シンプルで使いやすいERPソフトウェアです。同様に企業の業務をサポートする「SAP Business ByDesign」とは異なる特性や目的があるため、それらの違いについても説明していきます。

「SAP Business One」の概要

「SAP Business One」は、**中小企業の業務を効率化するために設計されたERPソフトウェア**です。このシステムを使用することで、売上、在庫、財務、顧客情報など、企業の重要な情報を1つの場所で管理できます。

■「SAP Business One」の全体図

なぜ「SAP Business One」が必要なのか

中小企業でも、多くの情報を持っており、それを適切に管理することで、業務を向上させることができます。しかし、大企業向けのERPシステムは、中小企業にはしばしば過大であることがあります。「SAP Business One」は、中小企業向けに設計されたシンプルで使いやすいシステムです。

「SAP Business One」の利点

「SAP Business One」は、中小企業向けに開発されたERPソフトウェアで、日常業務の効率化を実現します。このシステムには以下のような特徴があります。

一元的な管理

財務、販売、購買、在庫など、ビジネスの主要機能を1つのシステムに統合しているため、業務情報を一元管理できます。一元管理されているため、情報を探す時間が短縮されます。

使いやすさ

直感的で使いやすいデザインとなっており、ユーザーフレンドリーなUIとなっています。

多言語・多通貨対応

「SAP Business One」は、28カ国の言語に対応しており、海外通貨も取引先ごとに設定可能となっています。グローバル展開向きの製品です。

低コストで導入可能

低コストで導入できるため、世界170カ国で利用されており、2020年4月現在、70,000社以上が利用しています。

企業成長に対応

企業が大きくなっても、「SAP Business One」はそれに合わせてスケールアップすることができます。

「SAP Business One」主な機能

「SAP Business One」には、企業の日常業務をサポートするさまざまな機能が備わっています。主な機能を紹介します。

財務管理

会社の収入や支出、予算など、お金に関する情報を管理します。財務会計や管理会計にも対応しています。

販売・顧客管理

顧客からの注文の受付や商品の配送状況など、販売プロセスと販売に関する情報を管理します。また顧客の情報や、過去の購入履歴、顧客からの問い合わせなどを管理します。顧客管理についてはMicrosoft Outlookに格納されている顧客コンタクト情報と同期し、管理することができます。

購買・在庫管理

購買プロセスと必要な商品や原材料を供給業者から購入するための情報を管理します。在庫管理機能があるため、どれだけの商品が倉庫にあるのか、どの商品が足りないのかなどの在庫情報を確認できます。

生産管理

製造プロセスを管理し、MRP機能を実装しており、BOMや製造指図の管理ができます。MRP機能は、受発注情報、出荷実績、在庫数、製造指示、需要予測、リードタイムなどを考慮して、生産と発注の計画を作成できます。

「SAP Business One」と「SAP Business ByDesign」の違い

「SAP Business One」と「SAP Business ByDesign」は、ともに企業の業務をサポートするためのSAP製のソフトウェアですが、それぞれ異なる特性や目的を持っています。以下に、その主な違いを説明します。

対象とする企業規模

「SAP Business One」は、主に中小企業向けが対象で、「SAP Business ByDesign」は、中堅企業向けが対象となります。中堅企業は、中小企業よりも複雑な業務を持っていることが多いので、それに対応した機能やツールを「SAP Business ByDesign」は備えています。

システム管理

「SAP Business One」は、主に利用会社の内部サーバーにインストールして使用します。利用会社が直接サーバーの管理と制御を行いたい場合に適しています。当初、オンプレミス版のみでしたが、導入ベンダーが、「SAP Business One」をAWS等のクラウド基盤上に構築し、月額サービスとして提供するクラウド版も存在しています。

一方、「SAP Business ByDesign」は、クラウドベースのソフトウェアです。インターネットを通じてサービスを利用する形になります。物理的なサーバーの管理やアップデートの手間を省くことができます。

機能とカスタマイズ

「SAP Business One」は、基本的な業務機能を提供しながらも、特定の業界やニーズに合わせてカスタマイズが可能です。

「SAP Business ByDesign」は、もともと多機能で、多くの業務プロセスをカバーしています。クラウドベースであるため、カスタマイズも可能ですが、SAP Business Oneほどの深いカスタマイズは難しい場合があります。

課金体系

「SAP Business One」は、企業がソフトウェアを購入し、その後はサポートやメンテナンスのコストが発生します。

「SAP Business ByDesign」は、クラウドサービスのため、月額または年額の使用料を支払う形になります。これにはアップデートやメンテナンスのコストも含まれています。

「SAP Business One」と「SAP Business ByDesign」は、それぞれ異なるタイプの企業やニーズに対応するためのソフトウェアです。中小企業で、自社のサーバーでの管理を希望する場合は「SAP Business One」が適しています。一方、中堅企業で、クラウドベースの手軽さと多機能性を求める場合、「SAP Business ByDesign」はおすすめです。

「SAP Business One」については、「SAP® Business One, version for HANA」というHANAデータベースで動作するクラウド版も存在しており、今後、クラウドファーストを志向していくことが予想されます。

■「SAP Business One」と「SAP Business ByDesign」の比較

	SAP Business ByDesign	SAP Business One
対象規模	中堅企業	中小企業
システム配置	クラウド	オンプレミス・クラウド
システム管理	SAP	顧客またはSAP
機能とカスタマイズ	多くの業務プロセスをカバー。 カスタマイズ可能	基本的な業務機能を提供。 カスマイズ可能
課金体系	サブスクリプション	ライセンスまたは サブスクリプション

まとめ

- 「SAP Business One」は、中小企業向けのERPソフトウェアで、売上、在庫、財務、顧客情報を一元管理します。シンプルで使いやすく、中小企業の業務改善に適しています。
- 多言語・多通貨対応、低コストで導入可能で、企業の成長にあわせてスケールアップできます。

おわりに

本書を最後まで読んでいただき、ありがとうございます。執筆にあたって、ERPの基本機能や最新のSAP製品、技術について解説してきましたが、IT業界の進歩は非常に早く、3年もすれば本書の内容の一部が陳腐化してしまう可能性があります。しかしながら、企業の基幹業務自体は大きく変わるものではありません。本書で学んだ基本的な概念や考え方は、長く役立つものと確信しています。

だからこそ、読者の皆さまの中で、今後IT業界でコンサルタントやエンジニアとして活躍したい方々には、IT技術に対する飽くなき好奇心を持ち続けていただきたいと思います。最先端の技術に積極的に触れる機会を増やすことは、今後のキャリアに大きな影響を与えるでしょう。常に新しい知識を吸収し、変化に適応する姿勢が、皆さまの成長を支える重要な要素となります。

2023年4月に本書の執筆依頼をいただき、本業の仕事と並行しての執筆作業は予想以上に時間がかかりました。また、初めての書籍出版ということもあり、読者の皆さまにどうすればわかりやすく伝えられるか、日々試行錯誤の連続でした。しかし、この過程を通じて私自身も多くのことを学び、成長できたと感じています。

本書が読者の皆さまの学びやキャリアに少しでも貢献できたなら、著者として心より嬉しく思います。今後、皆さまがSAPやERPの世界でさらなる飛躍を遂げられることを心から願っています。

最後になりますが、このような出版の機会を与えていただいた技術評論社様、編集者の矢野様、株式会社グロリアの石黒様、アップスマート株式会社の西村様、本書検討時点から多忙の中、アドバイスや骨子作りをお手伝いいただいたデロイト トーマツ コンサルティング合同会社の石田様に心より感謝申し上げます。皆さまの協力なしには、本書を世に送り出すことはできませんでした。この場を借りて、厚くお礼申し上げます。

2024年10月
山之内 謙太郎

索引 Index

数字・アルファベット

あ行

か行

さ行

た行

な行・は行

ま行・や行・ら行・わ行

参考文献

書籍

SEのためのERP入門: SAP導入のポイント
増田 裕一　監修
ISBN978-4-8837-3271-5

図解入門 よくわかる最新SAPの導入と運用
村上 均, 渡部 力, 倉持 洋一, 久米 正通, 岡本 一城, 久本 麻美子, 黒子 佳之, 渡真利 潤, 村上 正美, 黒瀬 有美　著
池上 裕司　監修
ISBN978-4-7980-5550-3

世界一わかりやすいSAPの教科書 入門編
とく　著
ISBN978-4-7980-6519-9

SAP HANA入門
SAP HANA on Power Systems出版チーム　著
ISBN978-4-7981-5488-6

SAP 会社を、社会を、世界を変えるシンプル・イノベーター
日経BPビジョナリー経営研究所　編集
ISBN978-4-8222-7762-8

SAP担当者として活躍するためのERP入門
久米 正通, 村上 均　著
アレグス株式会社　監修
ISBN978-4-7980-7135-0

Web

SAPジャパン
https://www.sap.com/japan/index.html

SAPコンサルブログ
https://tokulog.org/

Soloblog - ITコンサルのざっくり解説
https://soloblog.me/

SAPフリーランスジョブズ　SAP技術情報コラム
https://free-sap-consultant.com/news/

株式会社NTTデータ グローバルソリューションズ　GSLコラム
https://www.nttdata-gsl.co.jp/related/column/

SAP認定コンサル道場
https://sap-consul-dojo.com/top/

SAPラボ
https://sap-career.com/saplabo/

著者紹介

山之内 謙太郎（やまのうち けんたろう）

ITコンサルタント（中小企業診断士・ITコーディネータ）。
1973年神奈川県生まれ。日本大学商学部卒業。
会計コンサルティング会社や株式会社ベンチャー・リンク、アビームコンサルティング株式会社での勤務を経て、フリーランスとして独立。その後、ロジスト株式会社を設立。
SAPコンサルタントとして15年以上のキャリアを持ち、エネルギー業界、広告業界、製造業界など、さまざまな大手企業でSAP導入プロジェクトに携わり、その経験を活かし、プロジェクトマネジメントやビジネスプロセスの最適化、業務改革の分野でコンサルタント業務を行う。
現在はロジスト株式会社の代表として、企業の規模を問わず、ITを活用した仕組みづくりを支援することをミッションとし、DX（デジタルトランスフォーメーション）を通じて、日本企業の競争力向上に取り組んでいる。

■ 装丁 …… 井上新八
■ 本文デザイン …… BUCH+
■ 本文イラスト …… リンクアップ
■ DTP …… リンクアップ
■ 編集 …… 矢野俊博

図解即戦力
SAP S/4HANAの導入と運用が
これ1冊でしっかりわかる教科書

2024年12月11日　初版　第1刷発行

著　者　山之内 謙太郎
発行者　片岡　巌
発行所　株式会社技術評論社
東京都新宿区市谷左内町21-13
電話　03-3513-6150　販売促進部
03-3513-6160　書籍編集部
印刷／製本　株式会社加藤文明社

ISBN978-4-297-14506-4 C3055　Printed in Japan

■ お問い合わせについて

- ご質問は本書に記載されている内容に関するものに限定させていただきます。本書の内容と関係のないご質問には一切お答えできませんので、あらかじめご了承ください。
- 電話でのご質問は一切受け付けておりませんので、FAXまたは書面にて下記問い合わせ先までお送りください。また、ご質問の際には書名と該当ページ、返信先を明記してくださいますようお願いいたします。
- お送りいただいたご質問には、できる限り迅速にお答えできるよう努力いたしておりますが、お答えするまでに時間がかかる場合がございます。また、回答の期日をご指定いただいた場合でも、ご希望にお応えできるとは限りませんので、あらかじめご了承ください。
- ご質問の際に記載された個人情報は、ご質問への回答以外の目的には使用しません。また、回答後は速やかに破棄いたします。

■ 問い合わせ先

〒162-0846
東京都新宿区市谷左内町21-13
株式会社技術評論社 書籍編集部
「図解即戦力　SAP S/4HANAの導入と運用がこれ1冊でしっかりわかる教科書」係

FAX：03-3513-6167

技術評論社ホームページ
https://book.gihyo.jp/116/